鉄道システムインテグレーター

海外鉄道プロジェクトのための技術と人材

■ 佐藤　芳彦　著 ■

成山堂書店

本書の内容の一部あるいは全部を無断で電子化を含む複写複製（コピー）及び他書への転載は，法律で認められた場合を除いて著作権者及び出版社の権利の侵害となります。成山堂書店は著作権者から上記に係る権利の管理について委託を受けていますので，その場合はあらかじめ成山堂書店（03-3357-5861）に許諾を求めてください。なお，代行業者等の第三者による電子データ化及び電子書籍化は，いかなる場合も認められません。

① 建設が進むホーチミン市都市鉄道1号線
　ベンタン市場近くレ・ロイ通りの開削工事現場 (2018.10.28)

② デリーメトロ、ボックス桁組立作業、グルガオン (2007.06.27)

③ 建設が進むホーチミン市都市鉄道1号線
　再開発で高層ビルが建ち並ぶバソン地区 (2018.03.18)

④ ジャカルタ首都圏鉄道
　鉄道近代化に日本の技術が貢献、東京近郊で使用されていた車両も活躍、コタ駅 (2010.02.18)

はじめに

　インフラ輸出の目玉として、日本の鉄道技術輸出をねらいとした、東南アジア、南アジアやアフリカなどで鉄道プロジェクト案件が形成され、実施段階にあるものは多い。これらのプロジェクトの実際と進め方について、拙著「海外鉄道プロジェクト」を2015年に上奏し、おかげさまで高評価を頂いている。しかし、プロジェクトの増加に伴い、発注側、受注側ともに人手不足が深刻となり、プロジェクトの遂行そのものにも影響を及ぼしつつある。特に深刻なのはプロジェクト全般を監理するプロジェクトマネジャー、鉄道全般を見渡して設計を主導するシステムインテグレーターの不足である。最も大きな原因は、21世紀に入り、新幹線や一部の鉄道を除いて新規の鉄道建設や大規模改良の案件が少なくなり、建設工事に従事した経験者が引退し、彼等のノウハウが継承されていないことにある。また、JRをはじめ各鉄道事業者は市場規模の縮小に合わせた経営効率化、要員削減を進めているので技術者の供給源も細っている。このような状況で、海外での鉄道プロジェクトが増えても、従事できる技術者の数も質も多くは望めない。このように、プロジェクトマネジャーやシステムインテグレーターの果たす役割が大きいにもかかわらず、人材の供給が追いつかず、外国人に頼らざるを得ない場面もある。外国人技術者は、日本の技術についての知識が乏しく、受注者である日系企業とのコミュニケーションにも問題なしとはいえない。プロジェクトマネジャーについては、海外経験豊富な土木技術者から選定することができるが、鉄道システム全般を見ることのできるシステムインテグレーターを探すことはさらに難しい。このような状況から日本人システムインテグレーターを早急に養成する必要がある。そのため、「海外鉄道プロジェクト」の続編として、システムインテグレーターに的を絞った本書を執筆した。一部前書と重なる部分もあるが、本書だけでも全体像が分かるようにしたためであり、ご容赦願いたい。

　システムインテグレーターとは、鉄道を構成する軌道、車両、電力供給、信号および通信などのシステム全般を見渡し、計画・設計段階でそれぞれに必要な性能および機能を割当て、システム間のインターフェース、すなわち境界条件を調整する。

　国内の鉄道プロジェクトでは、JRなどの鉄道事業者あるいは鉄道建設・運

輸施設整備支援機構（以下「鉄道・運輸機構」という）が発注する車両や工事は、施主がシステムインテグレーターの役割を果たし、システムを設計し、システムを構成する各サブシステムの仕様を決めた上で、細切れにして発注している。一方、海外プロジェクトでは、施主側に設計や施工監理能力がないことから、専門技術者集団であるコンサルを雇い、コンサルが基本設計を行い、入札仕様書を作成して、システムをいくつかの入札パッケージとして発注することが一般的である。裏を返すと、プロジェクトに資金を拠出する世界銀行や国際協力機構（JICA）が、入札仕様書の構成および内容をコントロールするため、コンサルに作成させているという見方もできる。国内、海外ともプロジェクトの基本設計や入札図書作成には、全体を見渡して、個々のサブシステムや施設の仕様を調整するシステムインテグレーターは欠かせない。

　国内プロジェクトのシステムインテグレーターをそのまま海外で使えるかというと問題がある。国内は長年の歴史で、個々のサブシステムや施設の仕様はほぼ固まっており、サブシステム毎に担当部門が固定し、それぞれの業務量（発注金額）のシェア、すなわちパイを分割する角度はほぼ一定となっている。新規プロジェクトでも、仕様変更に伴う微調整はあるものの、シェアを大きく変えることはない。このような背景から、縄張りを侵されるとの警戒心によって、他部門から自身の部門への意見、あるいはその逆は歓迎されず、場合によっては部門間の論争に発展することもある。自由闊達に意見を交換できなければ、鉄道システム全般を見渡せるシステムインテグレーターが育つ土壌はない。これは施主側だけではなく、請負者側も同様である。お上のいうことに異議は唱えないとの体質が染みついている請負者側はもっと深刻かもしれない。このような背景から、海外で活躍できるシステムインテグレーターを鉄道事業者にもメーカーにも見いだすことは難しい。

　国内の鉄道業界にしがらみのない海外で活躍するコンサル業界に、システムインテグレーターの候補者を見いだすことはできる。しかし、プロジェクト遂行についての経験は豊富であるものの、鉄道そのものの知識は鉄道事業出身者と同等とはいえない。

　人材不足に立ち至った原因は上記のような、国内の鉄道ビジネスの特殊性にもつながる。すなわち、鉄道事業者がシステムインテグレーションを含めた設計を行い、メーカーあるいは施工業者に細分化された部分のみを発注する商慣行が継続しており、インテグレーション技術は鉄道事業者あるいは鉄道・運輸

機構が独占し、メーカーや施工業者は業態毎に細分化され、特定の技術に特化し、全体をまとめる技術を保有していない。したがって、日本の政府開発援助（Official Development Assistant、ODA）であって、日本企業が受注しても、システムインテグレーションでつまずくことになる。一方、少子高齢化で鉄道の国内輸送市場は縮小傾向にあり、各鉄道事業者、メーカーともこれまでの規模の技術陣を抱えることは大変難しくなっており、システムインテグレーターが育つ土壌も狭まっている。

以上に述べた課題を克服して、海外鉄道プロジェクトに係わるコンサル業界で、システムインテグレーターを如何に養成するかが緊急の課題となっている。

このような現状認識から、特に要員不足が深刻なシステムインテグレーターに焦点を当て、システムインテグレーターの役割、業務遂行および養成の課題についてまとめた。

システムインテグレーターの業務について厳しいことを記したが、その反面、システムインテグレーターには鉄道を一から作り上げる醍醐味と喜びもあることを強調したい。すなわち、国内の鉄道市場は縮小傾向にあるので、新線建設や大規模改良プロジェクトは少なく、それに従事できる技術者も限られ、海外で新線建設に従事することは得がたい経験といえる。鉄道事業者やメーカーにとっても、海外プロジェクトはこれまで養成してきた貴重な技術者を活かす途であることをご理解頂きたい。

課題を明確にするため、あえて厳しい表現をした部分もあり、お気に障る方もいるだろうが、本書の目的に免じご容赦願いたい。

2019年6月

佐藤　芳彦

目　　次

はじめに

第1章　世界一神話の実態 ……………………………………… 1
1.1　都　市　鉄　道 …………………………………………… 2
1.2　都市間鉄道 ………………………………………………… 13
1.3　貨　物　鉄　道 …………………………………………… 19
1.4　地　方　交　通 …………………………………………… 21
1.5　浮上式鉄道 ………………………………………………… 24
1.6　日本メーカーの実力 ……………………………………… 26

第2章　海外プロジェクト業務の流れ ………………………… 29
2.1　上流（プロジェクト計画、発注、Project Owner side）の業務 …… 30
2.2　中流（プロジェクト受注、施工、Tenderer/Contractor side）の業務
 ……………………………………………………………… 34
2.3　下流（プロジェクト運営、保守、Contractor side）の業務 ……… 38

第3章　海外プロジェクトの組織 ……………………………… 42
3.1　海外プロジェクトの組織構成 …………………………… 42
3.2　コミュニケーション能力 ………………………………… 48
3.3　人　材　育　成 …………………………………………… 54
3.4　事　前　教　育 …………………………………………… 57
3.5　JVの限界 …………………………………………………… 57

第4章　概略設計と基本設計 …………………………………… 60
4.1　路　線　計　画 …………………………………………… 61
4.2　建築限界と車両限界 ……………………………………… 65
4.3　軌道中心間隔と施工基面幅 ……………………………… 71
4.4　ホームの配置 ……………………………………………… 72
4.5　進　行　方　向 …………………………………………… 74

- 4.6 動力方式 ……………………………………………………… 75
- 4.7 運転システム …………………………………………………… 78
- 4.8 防災計画 ………………………………………………………… 81
- 4.9 テロとバンダリズム対策 ……………………………………… 84
- 4.10 投資計画 ………………………………………………………… 86
- 4.11 システムインテグレーターの役割 …………………………… 88

第5章 都市輸送システム …………………………………………… 91
- 5.1 輸送力の比較 …………………………………………………… 91
- 5.2 建設費の比較 …………………………………………………… 95
- 5.3 保守費および運転費の比較 …………………………………… 101
- 5.4 線形の比較 ……………………………………………………… 107
- 5.5 その他の比較 …………………………………………………… 108

第6章 鉄道を構成するシステム …………………………………… 112
- 6.1 軌道 ……………………………………………………………… 112
- 6.2 車両 ……………………………………………………………… 118
- 6.3 電力供給システム ……………………………………………… 128
- 6.4 信号システム …………………………………………………… 135
- 6.5 通信システム …………………………………………………… 140
- 6.6 自動改札もしくはAFC（Automatic Fare Collection） …… 143
- 6.7 プラットホームスクリーンドア（PSD） …………………… 148
- 6.8 設備管制システム ……………………………………………… 151
- 6.9 車両基地 ………………………………………………………… 152
- 6.10 鉄道施設保守基地 ……………………………………………… 158
- 6.11 システム間のインターフェース ……………………………… 159
- 6.12 都市交通システムの規格化 …………………………………… 159

第7章 入札図書の作成 ……………………………………………… 162
- 7.1 入札図書の基本 ………………………………………………… 162
- 7.2 パッケージ分け ………………………………………………… 163
- 7.3 入札図書の構成と施主要求事項 ……………………………… 165

7.4 文書（ドキュメント）管理 …………………………………… *169*
7.5 工程表作成と管理 ………………………………………………… *171*
7.6 提出要求文書 ……………………………………………………… *176*
7.7 GS の構成およびチェックリスト ……………………………… *180*
7.8 PS の構成およびチェックリスト ……………………………… *184*
7.9 教育訓練とマニュアル作成 ……………………………………… *186*
7.10 現地生産と技術移転 …………………………………………… *189*

第 8 章　技術基準と安全認証 …………………………………………… *191*
8.1 技術基準と規格 …………………………………………………… *191*
8.2 安 全 認 証 ………………………………………………………… *200*
8.3 鉄道のパフォーマンス評価 ……………………………………… *203*

終　章　SI や PM を目指す方に ………………………………………… *205*

資料 1　レールと鉄車輪の歴史 ………………………………… *208*
資料 2　鉄道へのゴムタイヤ応用 ……………………………… *213*
資料 3　モノレール ……………………………………………… *216*
資料 4　その他の都市鉄道 ……………………………………… *219*
資料 5　輸送システム別の保存費、運転費および電力
　　　　（平成 27 年度鉄道統計年報） ………………………… *222*

参 考 文 献 ……………………………………………………………… *226*
あ と が き ……………………………………………………………… *227*
索　　　引 ……………………………………………………………… *231*

第 1 章　世界一神話の実態

　日本の鉄道は世界一といわれている。「新幹線は世界初の高速鉄道であり、日本の発明である」、「都市圏の通勤電車は正確で清潔であり、どこにでも行ける」、「多くの都市鉄道は関連事業を展開して黒字経営を続けている」、「鉄道によって日本の生活は良くなった」等。このように日本では、鉄道が多くの人々に身近な存在として認識され、海外からの来訪者も鉄道の便利さと清潔さを享受し、賞賛する意見が多く寄せられている。ほとんどは新幹線と大都市圏の鉄道に対するものであるが、日本国内の鉄道に対する高い信頼と期待は、日本の鉄道技術は海外でも有用かつ社会経済の発展に資するとの認識を醸成した。その認識を基礎に、鉄道が日本経済成長のためのインフラ輸出戦略の目玉ともなっている。しかし、大きな期待とは裏腹に、輸出市場で大きな成果を上げているとはいい難い。日本企業からの調達を義務付けたODA案件においてすら、日本製品調達を条件とした入札に参加しなかったり、入札が流れるといった残念な事例が散見される。日本の鉄道は、世界の目にはどのように映っているのだろうか。

　欧米から見れば、極東の島国にある狭軌の鉄道は関心の対象ですらなかった。日本人も標準軌で高速運転を行っている欧米の鉄道に大きなあこがれを抱いていた。しかし、明治以来の広軌（標準軌）鉄道建設の悲願が東海道新幹線で達成すると、欧米人はこの新幹線に興味を抱いた。最高速度200km/h運転の列車を高頻度で運行するビジネスモデルが、当時斜陽産業といわれていた鉄道を復活させると期待された。多くの欧米鉄道技術者が日本を訪問し、新幹線を調査し、各国で高速鉄道あるいは高速列車プロジェクトが計画された。これは日本の車両やシステムの売上にはつながらなかった。各国がそれぞれの技術をベースに独自の高速列車を開発したからである。

　国鉄の分割・民営化で誕生したJR各社が駅や列車の改善に取り組んで、黒字経営を達成すると、この民営化の手法や列車運行システムに欧米の鉄道人も関心を示し、調査のために日本を訪れた。ヨーロッパの国鉄改革は日本の国鉄分割・民営化が大きな影響を与えたといえる。このような動きは、日本側には、日本の鉄道技術のハードが優れているので、世界が着目していると映った。しかし、欧米が着目したのは、新しいビジネスモデルとしての鉄道、すなわちソ

フトである。都市鉄道は地下鉄と近郊鉄道の直通運転がビジネスモデルとして注目された。

発展途上国は、正確な運行と清潔さに目を見張ったが、ハードにそれほどの関心は払わなかった。同じようなものはヨーロッパが既に供給しており、足りないのは資金であった。このギャップが十分認識されずに、日本の鉄道は世界一であり、誰でもほしがるだろうとの思い込みにつながったのではないだろうか。現在の状況はどのようになっているか、冷静に考える必要がある。都市鉄道、都市間輸送、貨物鉄道および地方交通の分野毎に概観したい。

1.1 都市鉄道

人口数十万以上の都市交通をバスや自動車のみの道路交通で担うことは難しい。都市鉄道の整備が遅れた都市は深刻な交通渋滞に悩まされ、同時に都心部の駐車スペース確保も課題となっている。限られた都市空間を有効に使うためには、高架鉄道、地下鉄道およびLRT（Light Rail Transit）等の整備が必須となっている。高崎、宇都宮などの都市は幹線鉄道であるJRを除けばバスや自家用車に頼らざるを得ないので、朝夕の道路渋滞が問題となっている。海外においても、経済発展の著しい新興国では、都市への人口集中と交通需要増加に道路や鉄道などのインフラ整備が追いつかず、早急な解決が求められている。このため、多くの新興国で、先進国からの政府開発援助（ODA）資金でインフラ整備を行っている。

インフラ整備の方法として、米国のロサンゼルスのように広い空間に道路を整備し自動車主体の交通体系を採用できる都市は限られている。しかも、そのような都市は、都市機能が薄く広く散らばり、自動車がなければ生活できなくなる。

ベトナムのハノイやホーチミンは、政策的に自動車取得費用を高くすることで自動車を抑制し、バイクを主な交通手段としているが、所得の増加に伴いバイクから自動車に乗り換えることは十分に予測できる。今でも朝夕の渋滞は激しくなっているので、自動車の増加はさらなる交通渋滞と駐車場スペース増加をもたらし、一日も早いメトロ[1]の開通が待たれている。

---

[1] 地下鉄と高架鉄道の総称

インドのデリーは市内交通を自動車、バスおよび国鉄近郊線に頼っていたため、メトロ開業前の渋滞は深刻であり、市内の移動に多くの時間を費やしていた。まさに歩くよりも遅かった。2002年に最初のメトロが開業し、その後急速に路線網を拡大し、2018年11月30日時点で、317km、231駅となっている。メトロの整備と道路の整備で多少の渋滞緩和になったが、自動車の増加は道路

写真 1-1　ホーチミン市内を疾走するバイク
（グエン・フー・カン通り、2019.01.17）

写真 1-2　デリーメトロ
（グルガオン MG ロード、2016.05.08）

整備の効果をすぐに打ち消しているので、メトロがなければ都市機能が麻痺していたであろう。

1.1.1　日本の都市鉄道形成過程

　日本国内でどのように都市鉄道が形成されたかを概観し、その課題を探り、海外でどのような都市鉄道を提案できるかを考えたい。

　東京や大阪は近郊鉄道、地下鉄などの路線網が密に整備され、都市内、近隣都市間あるいは近郊との移動は鉄道利用が当たり前となっている。これは長い時間をかけて整備されてきた結果である。最初は路面電車と幹線鉄道が開業し、人口の増加に伴い郊外に住宅地が拡大し、幹線鉄道の近距離利用が増えるとともに、新規に近郊路線が建設されるようになった。東海道線、東北線や中央線も東京と地方主要都市を結ぶ幹線として建設された。山手線は東海道線と東北線を結ぶために建設され、最初は貨物が多かった。それら線区の駅間距離は4km程度であり、今日の1乃至2kmに比べ大きい。

　それら線区が変貌するきっかけは、関東大震災で郊外に多くの住宅地が建設されたことである。それまで東京市内の移動の主役であった路面電車の路線網の外に住宅が建設され、山手線や中央線等が通勤に使われるようになり、次第に都市鉄道として整備された。人口増加に伴い、民間資本による鉄道も建設され、旅客誘致のための住宅地開発も伴って、市街地あるいは住宅地の郊外への拡散と鉄道網の拡大が促進された。この動きは1980年代まで続き、国鉄、公営鉄道および民営鉄道が路線を拡大し、連結両数の増加と合わせ、複々線化や近郊線と地下鉄線の相互直通運転も行われるようになった。一方、路面電車は自動車交通を阻害するものと認識され、地下鉄やバスに置き換わった。民営鉄道は高度成長期に新線建設による沿線開発の利益を享受し、黒字経営を続けてきた。その一方で、国鉄は新線建設や地方交通線の負担が重く、赤字に苦しみ、最終的には1987年に分割・民営化され、累積赤字を清算事業団に移して身軽になって、民間企業として生まれ変わり、駅構内および周辺の事業開発により利益を上げるようになった。これらの結果、日本の都市鉄道は黒字経営で効率的に運営されているとの認識が形成された。しかしながら、既に償却済の資産で利益を上げているのであって、高度成長期を過ぎた今、沿線開発利益を多く望めない新線建設や線増などの投資は莫大な資金を必要とし、公的補助があるにしても、鉄道事業者にとって経営的に大きなリスクとなっている。さらに、

地下鉄を含めた公営交通は、路面電車の従業員を引継ぎ、沿線開発の利益にも与れないので、経営的には苦しい状況が続いている。

東京や大阪などの大都市には、多くの鉄道事業者あるいはバス事業者が存在し、公営交通を除いて黒字経営なので、共通運賃の採用や経営統合には消極的な土壌となっている。さらに、旅客一人当たりの車両数および軌道延長は、ロンドンやパリの半分となっており、これが償却済資産とともに黒字を生み出している源泉ともいえよう。

1.1.2　日本の都市鉄道黒字経営の源泉

東京の通勤輸送はその規模と運行の正確さから、世界一といってよい。しかも、ほとんどを民間企業が運行し、鉄道事業単体で公的補助なしの黒字経営を続けている。公的補助が前提の欧米都市鉄道と比べると、驚くべきことである。しかし、その黒字を支えている要因の中には、あまり誇れないものもある。慢性的な混雑、設備容量の不足、高い運賃、償却済の資産活用である。日本の常識は世界では通用しない。

(1)　慢性的混雑

東京圏の通勤電車網が急拡大したのは、関東大震災後と第二次大戦後の高度成長期である。いずれも資金不足で線路増設もままならない中で、車両の大型化（17mを20m、幅を2.6mから2.9m等）と車両の多扉化（2扉または3から4扉）、扉幅の拡大（0.9mから1.3m等）、ロングシートの採用、立席スペースの拡大、増結で輸送力増強を図ってきた。同時に、整列乗車、停車時間の短縮など旅客の協力も求めてきた。整列乗車やけたたましい発車合図（現在はチャイムや音楽に代わっているが、乗客を急かせる点では同じ）は、他に例を見ないものであり、訪日外国人の驚きあるいはストレスの基となっている。

平成に入っても、同じ考え方で、近郊列車の3扉セミクロス車から4扉ロングシート車への置換え、幅広扉採用、多扉車（5または6扉）導入等が行われてきた。多扉車は混雑のピークが減少し、ホームドア採用もあって、2018年12月時点では日比谷線と総武緩行線に残るのみであり、早晩姿を消すであろう。

混雑時の乗車率[2]（あるいは混雑率）は、高度成長期に300％以上（平米11人）

---

[2] 定員に対する乗車人員の割合

を記録したが、現在は目標160％となっている。ただし、この間に定員の算定方法の変更（増やす方向）があったので、現在の160％は割引して考えなければならない。しかも、定員の算定方法そのものがヨーロッパで採用している方法とは異なる。国鉄時代は座席数と吊り手やつかみ棒の数で定員を算出していたが、現在は座席数と立席スペース[3]の1人当たり面積0.3平米[4]（平米3.3人）、あるいは0.14平米[5]（平米7.1人）となっている。この定員はサービス定員として、法令あるいは物理的限界とは無関係に決めている。このサービス定員と混雑率の概念は日本国内のみで通用し、国際的に認知されてはいない。

　国際的には、座席定員と車両床面積から座席部分[6]を控除した立席スペースに乗車可能な旅客数で最大乗車人員を規定し、車両の性能計算や空調の容量計算に使用する。混雑率は使用しないが、サービス水準として、平米当たり3乃至4人の立席、最大乗車人員として平米当り8人（上記の日本式では250％相当）と設定している。クロスシートとすれば、当然立席スペースは少なくなる。

写真 1-3　整列乗車と多扉車（中目黒駅、2016.12.24）

---

[3] 車両の床面積から機械室、弁洗面所、座席および着席旅客の足の部分等を控除した面積
[4] JIS E7103 鉄道車両 ‐ 旅客車 ‐ 車体設計通則
[5] 国土交通省「鉄道に関する技術上の基準を定める省令」解釈基準で規定されていたが、現在は鉄道事業者に任されている
[6] 座席端から250mm

特に市中心部から 20 乃至 30km 以上の区間を運行する近郊列車では、着席ニーズが大きいので、クロスシートとして、場合によっては全二階建て車両を採用する。列車の運行形態に合わせて、クロスあるいはロングシートを提案すべきで、日本の例にとらわれるべきではない。

(2) 設備容量の不足

設備投資資金の調達がままならなかったので、限られた設備の有効活用が進められてきた。これは、人件費が安いこともあって、平成に至るまで鉄道が労働集約的産業に留まり、乗務員や駅係員の高度の熟練に頼る結果を招いた。線路延長や車両当たりの旅客数で比べると、東京はロンドンやパリの2倍となっている。このように旅客数が多いことは、ワンマン運転や無人運転導入を難しくしている。

複々線化あるいは3複線化やターミナル駅のプラットホーム増設がままならないので、限られた設備の有効活用のため、列車運行時間を正確にし、駅の停車時間を切り詰めている。この考え方は大正時代に遡ることができる[7]。このように通勤列車が正確に運行されているのは、設備容量不足の裏返しでもある。したがって、列車運行がいったん乱れると、その回復に時間がかかる。もちろんこれも運転指令の熟練技でカバーされている。

上記のように、高度の熟練を必要とするシステムは、新興国のプロジェクトには馴染まない。質のよい労働力の確保と長期の教育訓練が課題となる。また、熟練は旅客にも要求されるが、生活習慣の違いもあって、多くは期待できない。したがって、日本で考えられる以上の設備容量を持たせる必要がある。

(3) 高い運賃

東京には多くの鉄道事業者があり、それぞれ別個の運賃体系を採用している。したがって、複数の鉄道事業者の路線を跨がって利用する場合には、それぞれの初乗り運賃を含め高い運賃を払うこととなる。混雑と相まってこの高い運賃が都市鉄道に利益をもたらしている。

ヨーロッパ等の都市鉄道はバスを含めた共通のゾーン制運賃を採用し、異なる事業者間の乗り継ぎを容易としている。これは、各事業者が公的補助なしで

---

[7] 国鉄電車発達史、新出茂雄・弓削進、電気車研究会、1959 年

は赤字であるため、補助金の分配の観点から共通運賃採用にメリットを見いだしている。一方、東京のようにそれぞれの事業者が利益を上げている場合には、共通運賃の採用は、利益の再配分につながるので、関係者間の合意を得ることは大変難しい。

(4) 償却済の資産

東京の鉄道網の大部分は戦前から高度成長期までに整備され、償却は終わっているので、償却費の負担は低くなっており、鉄道事業者の収益に大きく寄与している。しかし、近年整備された副都心線などは建設費がキロ当たり250億円を超えており[8]、建設費のそれぞれ35％を国と地方自治体が補助している[9]。いい換えると、現在では、公的補助なしで新線を建設し、運営することは極めて難しい。

1.1.3 LRT

LRT（Light Rail Transit）は、都市交通の新しい担い手として期待されている。古くから使われてきた路面電車（Tramway）と混同されることもあるが、全く異なる交通機関といえる。なお、LRVはLight Rail Vehicleの略で車両そのものを表わす。

日本には、鹿児島、熊本、長崎、広島、岡山、松山、高知、大阪、京都、東京、高岡、富山、函館および札幌の各市に路面電車があるが、いずれも最高運転速度が40km/hに抑えられ、運賃収受は乗務員が行うことから表定速度が10km/h台と低くなっている。1列車当たりの輸送力も、最大列車長18mの制約（広島電鉄を除く）から小さくなっている。これは、軌道法などの制約による。

日本の路面電車は戦前から1960年代に最盛期を迎えたが、自動車交通の増加に伴い1970年代から道路交通の邪魔者扱いされるようになり、バスへの転換、地下鉄建設が進められたことで、急速に廃止され、上記の各都市に残るのみとなっている。1960年代に東急電鉄玉川線（玉電）の200形のように低床式車両が開発されたが、その後に続くものはなかった。1990年代にヨーロッパの低床車両開発の影響を受けて、熊本市電や広島電鉄にヨーロッパ製低床車

---

[8] 平成25年度地下鉄事業の概況、日本地下鉄協会、www.jametro.or.jp
[9] 地下鉄など鉄道整備に対する補助、国土交通省資料

両が導入され、日本のメーカーも低床車両開発に努め、多くの都市に導入されている。しかし、道路中央の乗降場までに歩道橋を上り下りしなければならないケースもあり、地上設備とのマッチングが課題である。運賃収受も課題であり、先頭の乗務員が運賃収受を行い、中央あるいは後部の扉から降車する仕組を採用しているため、乗降時間が長くなり、車内の座席数を多く取れない。さらに、多くの都市で高床車両が使用されており、バリアフリーの観点からは、利用しやすい交通機関とはいえない。

また、併用軌道区間で自動車に対する優先権あるいは軌道敷の占有権が確立していないので、自動車により進行を妨げられることが多く、表定速度を下げている。

以上のことから、日本の路面電車はLRTとはいえない。

海外に目を転じれば、7車体連接の30m車、最高速度60km/hなどの大輸送力、高速性能の車両が多く使われ、片道輸送力も1万人/時間[10]を実現し、軌道系輸送機関LRTとして機能している。これは乗車券の乗務員によるチェックをなくし、セルフサービス方式としたことにより、全ての扉での乗降を可能とし、停車時間の短縮と車内移動を不要としたことによる。

既存の鉄道線をLRT化する試みはJR西日本の富山港線で行われ、2006年に開業し、一定の成果を収めている。同じくJR西日本の吉備線のLRT化も検討されている。宇都宮でも新規の路線が計画されている。しかし、新しい電車を投入しても、上記の運賃収受を含めたシステム変更を行わない限り、旧態依然たる路面電車と変わらぬサービスとなり、利用者からそっぽを向かれるであろう。

日本には本当の意味でのLRTはない。では、LRVは世界と競争できるのだろうか。残念ながら答えはノーである。国内のLRVメーカーは規模が小さく、国内の需要を満たすことはできるが、ヨーロッパのメーカーと互角に戦うことは難しい。

写真 1-4　フランス・リヨンのLRT
（パール・デュー、2011.09.11）

---

[10] 交通ブックス「路面電車　運賃収受が鍵となる」、柚原誠、成山堂書店、2017年

1.1.4 海外における都市鉄道建設

　ヨーロッパの主要都市にも公営企業と民間企業が併存している。かつては、鉄道もバス事業も利益を生み出していた。しかし、個別の自動車交通から公共交通への転移を促し、低所得者にも移動の権利を認める社会政策の一環として運賃やサービス水準が決定され、鉄道もバス事業者も黒字経営ではなく、公的補助金を前提とするようになった。したがって、利便性向上のため、共通運賃の採用や、公営企業と民間企業が一体となった輸送システム構築が進められた。

　交通需要の大部分を自動車交通に頼っている米国は、低所得者への社会的サービスとして地下鉄やLRTの建設が進められている。建設および運営費用に充てるため、起債や新税の徴収が行われている。

　新興国における都市鉄道建設に際し、欧米で進められているモーダルシフトあるいはさらに進めたMAAS（Mobility As a Service）の考え方をどのように取り入れるかも課題となる。さらに、次の三点を認識しなければならない。

1) 　都市鉄道建設は赤字前提
2) 　都市鉄道計画者の意識
3) 　治安維持およびテロ対策

(1) 　都市鉄道建設は赤字前提

　新興国の交通機関の運賃水準はいずれも低く抑えられている。利用者の所得を考慮すると、高い運賃の設定は社会的不公平を招くおそれがある。したがって、新興国でのプロジェクトにおいて、運賃水準は他の交通機関に準拠したものとせざるを得ない。建設費[11]や電気料金は日本国内とあまり変わらないのに、事業収入は低く抑えられる。

　事業計画策定のためのフィージビリティ調査では、低水準の運賃でも採算がとれるよう、資本費（建設費）を低く、あるいは需要想定を大きく見積もる傾向にある。もちろんフィージビリティ調査後に追加になる項目もあるが、実施設計の段階で、建設費が膨らむことが多い。結果として、プロジェクトの収益を悪化させる。場合によっては、建設資金の調達が困難になって、プロジェク

---

[11] 人件費比率の高い土木や建築は現地の人件費に見合って安くなるが、E&Mや車両は輸入に頼るので、国際価格となる。日本の国内価格に設計費、ドキュメント作成費、輸送費、現地での試験費などが加わる。

トの遂行そのものに影響を及ぼす。また、用地取得は相手国の責任ではあるが、発注後に用地取得が遅れれば、工事の完成が遅れ、工事費やコンサルタント費用の増額につながる。

都市鉄道は黒字経営であるとの日本の常識を捨て、相手国の利用者階層の所得に見合った運賃水準での経営計画を策定しなければならない。冗長系設計の見直し、低コスト材料の使用、自動化対象の見直しなど建設費や運営費の低コスト化は当然のこととして、インフラ費用の公的負担を考慮すべきである。

(2) 都市鉄道計画者の意識

多くの国において、都市鉄道の計画者は運転手付専用車での移動が当たり前で、公共交通機関を利用することはほとんどない。したがって、日本の鉄道の便利さや清潔さを説明しても、ほとんど理解されない。日本では会社役員も公共交通機関を利用するといっても信じてもらえない。彼らとは別の階層の利用する交通機関であり、最低限のサービスさえ確保できればよいと考えている節がある。

日本の実態を見てもらう他に、駅前や沿線開発で新たな付加価値を創造して、全体として高収益の事業となる提案が必要である。田園調布、池田、田園都市線などの沿線開発とセットにした鉄道建設もお手本になるであろう。この場合は、列車のサービス水準と運賃をそれに相応しいものとする必要がある。

(3) 治安維持およびテロ対策

治安維持およびテロ対策が重要であり、インド・デリーメトロのように、改札の前に金属探知機とX線荷物検査を行っている例もあり、監視カメラを含めた保安設備の設置およびスペースの確保が要求されることもある。タイのMRTでは治安上の要請から旅客が利用できるトイレは設けていない。旅客サービスとのバランスも考慮して施主と事前に協議すべき課題であろう。同時に、バンダリズム（破壊活動）や盗難対策も重要であり、沿線ケーブルの埋設や保護、資器材置き場の盗難対策も必要となる。外部のみではなく、身内による盗難も考慮すべきである。

Column 1-1

ある日、海外からの訪問者を案内して

☆ 列車が到着しました。この号車に乗りましょう
◇ たくさんの人が降りるので、なかなか乗れないですね
☆ 停車時間が短いので、急いでください！

発車ベルの音

☆ なんてうるさい音、耳がつぶれそう。乗るまで待ってくれないの？
◇ 列車の間隔が短く、車掌も時刻通りに発車させようと苦労しているのです
☆ 我が国では旅客が全部乗り終わるまで待っていますよ。そのお陰で、何時も遅れるのですが。少しぐらい遅れてもいいのでは？
◇ 残念ながらこれが日本流でして、皆様の協力もあって新幹線の遅れ時間の平均が1分以下となっています
☆ あきれた

東急田園都市線／東京メトロ半蔵門線渋谷駅（2016.02.07）

1.2　都市間鉄道

　都市間輸送の市場は、鉄道が航空機、自動車およびバスと競争を繰り広げている。高速道路による自動車およびバスに対して、最高速度160km/h以上であれば鉄道が優位に立てるが、そうでなければ運賃競争に巻き込まれる。一方、航空機に対しては二つの都市間の所要時間を3乃至4時間以内にできるか否かが分かれ目である。輸出市場において、最高速度130km/hの在来線では勝負にならず、新幹線すなわち高速鉄道（HST）[12]が主役と考えられている。

1.2.1　大量輸送に特化した新幹線

　東海道新幹線が1964年に開業し、その成功は、欧米で斜陽産業と見なされていた鉄道事業に新たなビジネスモデルを提示した。東海道新幹線は人口と産業の集積した東海道ベルト地帯を200km/hの高速鉄道で結んだことにより、技術的および商業的成功を収めた。高速列車を専用線で運行し、駅や設備を標準化・簡素化してコストを抑えたことがビジネスモデルとして成功したポイントである。開発リスクを減らすため在来線の技術を集大成したことも超電導リニアと異なる点である。

　東海道新幹線開業から2018年10月で54年目となり、幸いなことに列車運行に起因する大きな事故は発生しなかった。阪神淡路大震災、中越地震、東日本大震災などを通じ、旅客の死傷はゼロであり、その都度対策を講じてきたので、災害に強いことは世界に誇れる。しかし、2017年12月11日に発生した新幹線のぞみ34号の台車枠亀裂は、製造時の品質管理および列車運行におけるリスク管理に大きな疑問を提起した。50年以上事故がなく安全であることが新幹線のセールスポイントであったが、その訴求力に陰りが生じた。

　速度については、東北新幹線の320km/hが最高速であるが、実際は240あるいは260km/h走行区間が多く、平均速度を下げている。東海道新幹線は285km/hであり、350km/hが標準となりつつある世界では見劣りがする。建設費も北陸新幹線長野・金沢間の例でキロメートルあたり78億円[13]となって

---

[12]　新幹線は英語にもなっているが、在来線での高速走行を含めた高速列車（High Speed Train, HST）あるいは高速鉄道が一般的に使われる。
[13]　鉄道建設・運輸施設整備支援機構「北陸新幹線（長野・金沢間）事業に関する対応方針」、平成24年3月

おり、トンネルや橋梁などの条件を考慮しても決して安いとはいえない。海外展開では、建設費を安くすることが望まれており、コンクリート高架橋、スラブ軌道あるいは高密度運転に対応した信号システムなどが必要か否かは、現地の条件で判断する必要がある。

写真 1-5　東海道新幹線（有楽町、2014.12.05）

　東海道新幹線は、産業の集積した人口密集地を結び、大きな輸送需要を背景に成功を収めた。しかし、そのような恵まれた条件の路線は少ない。山陽新幹線、東北新幹線、上越新幹線等は少ない需要で苦戦しており、北海道新幹線の輸送密度は地方交通線並みとなっている。海外で計画されている路線についても、東海道新幹線の成功体験がそのまま通用するものは極めて少ないと考えられる。沿線人口の少なさ、産業集積の少なさがネックとなり、沿線の人口が多くても新幹線に見合う高い運賃を負担できる層は限られる。少ない需要に対応した低コストのシステムを提案することが求められている。

1.2.2　海外の高速鉄道

　英国、フランスやドイツは東海道新幹線の成功を見て、それぞれの輸送需要に合わせた高速列車を開発した。在来線も標準軌であることから、工期と費用節約のため、既存のターミナル駅を活用し、輸送上のボトルネックとなる区間のみに高速列車専用の新線を建設した。

　英国は在来線の改良のみで200km/h運転のディーゼル列車IC125を開発し、ロンドンと主要都市を結んだ。その後電気牽引のIC225を開発し、IC125も次世代の新型車両に取り替えられつつある。

　フランスは広い国土に中都市が散在しているため、TGVはパリを起点に主要都市と直結する航空機と同様な列車体系を採用した[14]。列車の座席数も中型旅客機と同等としている。パリ、リヨン間の新線を経由して、パリとリヨン、ジュネーブ等を直接結ぶ列車を運行し、中間駅にはほとんど停車しない。多客

---

[14]　図解・TGV vs. 新幹線：日仏高速鉄道を徹底比較（ブルーバックス）、佐藤芳彦、講談社、2008年

期は2編成を連結して対応している。

ドイツのICEは、フランクフルトとニュルンベルグ、ベルリンとハノーバー等の回廊に新線を建設し、在来線と直通する高速列車を運行し、中規模の都市を結んでいる。最初は電機機関車2両と客車12両の編成であったが、その後5～8両編成の電車および気動

写真1-6　フランスTGVデュプレックス
（ヴィルヌーヴ車両基地、1995.06.21）

車方式の高速列車を開発し、多様な輸送需要に対応している。

イタリアやスペインがそれに続いて、ヨーロッパ内に高速列車網が形成された。

フランスのTGVはパリ・リヨン間で大きな成功をおさめ、その後に開業したパリ～ブリュッセル、ロンドン間、パリ～トゥール間でも航空路線の代替としての機能も発揮した。しかし、さらなる路線延伸が成功しているとはいい難い。さらに、LCCやバス、さらには自家用車のシェアシステムがTGVの市場を脅かし、SNCF（フランス国鉄）は低運賃のTGVウィーゴ（Ouigo）を2013年から運行するまでになり、フランス政府はTGVの路線延伸に懐疑的になっている。ドイツのICE網の延伸も止まっている。中国は未だ高速鉄道網の拡大を続けているが、ある程度の需要が見込める部分は既にカバーされ、減速する局面に入ると思われる。

先進国では、高速鉄道が華やかだった時期は終わり、建設計画の見直し、低価格サービス提供へと、より堅実な方向に向かっている。高速記録樹立による高揚感は過ぎ去り、高速鉄道はもはや技術の問題ではなく社会問題となっている。

1.2.3　高速鉄道の海外輸出

インフラ輸出の目玉として、台湾での実績、および中国への車両売り込み成功を受けて、米国やアジア諸国への売り込み努力がなされている。インドは広軌主義を捨てて標準軌である日本の新幹線導入を決め、建設のための基本設計が進行中である。マレーシア～シンガポールもターゲットに入っている。しか

し、大きな問題は建設費が高いことである。インドのムンバイ～アーメダバード間 500km の建設費見積もりは 1 兆 3000 億円（日経新聞 2015 年 2 月 28 日）と発表され、キロメートル当たり 21.5 億円である。これは日本の最近の例、キロメートル当たり 70 億円[15]の 3 分の 1 以下となっているが、設計が進むにつれ新たな課題も出てくるので、当初の見積もりで収まるかは疑問である。一方、インドの国家予算は約 15 兆ルピー（約 26 兆円）であり、1 兆 3000 億円でも国家予算の 5％の建設費となる。いくら低利の円借款といえども、負担は決して小さくない。相手国は、品質よりもコストを優先する傾向にあり、如何にリーズナブルな建設費を提案できるかが鍵となる。東海道新幹線のような高密度運行を支えるハイスペックのものを必要とはしていない。

　東海道新幹線の成功は、人口や産業の集積地を高速鉄道で結んだことにあり、世界的に見てこのように恵まれた地域はほとんどない。座席数 1300 の高速列車を 1 時間に片道 13 本も必要とする路線はない。日本の新幹線技術は、在来線から独立した高規格新線を建設し、東海道新幹線に合わせて発達してきたので、高密度・高信頼度を指向し、在来線施設の活用や在来線への乗入れなどの低密度・低コスト輸送を実現する方策についてはほとんど考慮されなかった。山形新幹線や秋田新幹線の事例は、日本の提案する海外でのプロジェクトには適用されていない。

　日本の鉄道は国境を越えたネットワークを有しないので、海外鉄道との規格の共通化の必要はなかった。このため、国内規格のみで建設、運営を行ってきたので、海外市場で通用する規格体系はない。さらに国鉄の分割・民営化以降は、JR 各社が独自に新幹線技術を発展させてきたので、新幹線の統一規格もつくられなかった。強いて挙げれば、国土交通省の省令の規程のみであり、世界に通用するものとはいえない。軌道、車両、電力、信号、通信の各分野を眺めてもガラパゴス化が進むとともに、各鉄道会社の技術者も自社の優位性を主張するが、世界的な技術動向はおろか他社の技術についても知識不足となる傾向にある。したがって、統一規格を作成しようという土壌はない。ヨーロッパ勢が規格を武器に市場拡大を目指すのとは好対照である。

　前項で述べたように、高速鉄道市場の縮小により、アルストーム、シーメンス、ボンバルディアや中国中車の生産能力余剰の問題が浮上してくる。メーカー

---

[15] 国土交通省ホームページ：北陸新幹線高崎、長野間 117km、8,300 億円

の製品間に性能的に顕著な差がなければ、価格での競争となる。これは、生産性の劣る日本メーカーにとって脅威となる。高速鉄道案件の ODA が供与されても、日本メーカーが相手国の受け入れ可能な競争的価格を提示できなければ、ODA ともいえども他の国のメーカーに横取りされる可能性が出てくる。

　価格だけではなく、技術についても課題がある。信号通信分野についていえば、日本の技術はガラパゴス化している。新幹線の自動列車制御システム（ATC）やインターロックシステム等の信号システムは、メーカー各社はテーラーメード（注文生産）で JR 各社の仕様に合致した製品を納入しているが、国際規格はおろか国内規格に則っていない。少なくとも日本国内で規格化されていれば、海外案件で日本の規格に則ったシステムであり、安心して使ってもらえるよう説明できる。しかしながら、JR 東日本と JR 東海の ATC はそれぞれが独自性を主張し、互換性がなく、共通規格も制定できていない。これでは国際市場で戦えない。ヨーロッパは域内の相互直通運転のためにヨーロッパ統一規格を制定し、それに沿ったシステム設計、評価の手法を確立しているので、相手国にはヨーロッパ規格のほうが分かりやすい。

　通信分野も、ヨーロッパが GSM-R（Global System for Mobile communications-Railway）で規格化を進めているのに比べ、大きく立ち遅れている。日本の信号通信システムをそのまま海外に持って行くことはできないので、結局はヨーロッパ規格のものを製造するか、製品を調達するかとなる。

写真 1-7　新幹線輸出第 1 号（台湾高速鉄道高雄、2009.09.03）

あまり目立たないが、電力システムも海外との互換性のないことでは同じ状況にある。

仮にヨーロッパと同じように、新幹線鉄道施設保有会社が東海道、山陽や東北新幹線等の施設を保有し、そこにJR東日本、東海、西日本、九州さらには全く別の鉄道列車運行会社が自由に乗り入れする事態を想定してみよう。高速道路にバス会社がそれぞれの車両で乗入れるのと同じ考えである。この場合、新幹線鉄道保有会社が自社の軌道、電力、信号、通信設備の仕様（保守基準を含む）を開示し、乗入れようとする事業者は施設の仕様に適合する車両を発注することとなる。このようになれば、技術仕様は関係者間で共有され、規格制定につながり、新幹線技術が日本から発信することができるかもしれない。しかし、現状は、施設の保有、車両の保有および列車運行がそれぞれの鉄道事業者に独占され、企業機密の壁に阻まれ、規格制定の土壌がない。これでは、日本の新幹線技術といえるものは育たない。

Column 1-2

ある日の某海外事務所への電話

☆ 新幹線で東京から大阪まで行きたいのですが、時刻を教えていただけますか？

◇ 地下鉄と同じように数分間隔で運行しているので、予約が必要ですが、いつでも乗れますよ

☆ 長距離が地下鉄と同じなんて信じられない

◇ ご参考まで、8時台の発車時刻を読み上げます。00分、03分、07分、11分

☆ 分かりました、もう結構です。ありがとう

別の電話

☆ 香港から東京に行きたいのですが、新幹線は何時発があるでしょうか？

◇ 残念ながら香港と東京を結ぶ新幹線はありません。飛行機を利用されたら如何でしょうか

☆ 知らなかった、ありがとう

嘘ではなく本当にあった話です。

1.3 貨物鉄道

　貨物輸送は、発展途上国の経済成長に欠かせないインフラである。しかし、鉱物資源の輸出や製品輸送で黒字経営が見込めることから、ODA の対象となることは少ない。日本の貨物鉄道は海外で通用するのであろうか。

1.3.1　国内の貨物輸送

　1960 年代までは、鉄道は国内貨物輸送量のトンキロベースで 30％以上を運んでいた。しかし、産業構造の変化により、輸送シェアは大きく落ち込み、現在は重量ベースで 1％、トンキロベースで 5％程度である[16]。石炭、鉱石や穀物などの重量貨物は、国内産から輸入に代わり、海外から直接港に到着し、そこで消費あるいは加工されるようになり、鉄道から海運に移行した。農産物、工業製品や半製品など貨物も、道路網の整備により、機動力のある自動車に移行した。この結果、多くの有蓋車や無蓋車を連ねた貨物列車は、コンテナーを積載した列車に代わった。同時に、列車本数も旅客列車が多くなり、貨物列車はその合間を縫って運行されるようになった。この過程で、操車場の廃止、機関車や貨車の両数削減、直行列車体系の採用などの合理化を行っている。しかしながら、貨物輸送は残念ながら世界に後れをとっているといわざるを得ない。

　コンテナー主体の直行列車体系を採用しているが、コンテナーは日本独自の規格を採用し、国際物流の主役である海上コンテナーの輸送は限られている。日本の貨物鉄道は港との接点を失い、石油輸送等を除いて専ら国内の物流に使われている。港は自動車と直結し、輸入あるいは輸出貨物は生産拠点と港の間を自動車で運ばれている。

1.3.2　貨物鉄道技術の競争力

　貨物輸送は残念ながら世界に後れをとっている。狭軌鉄道であること、地盤の弱い地域を多く通過することから、軸重（1 軸当たりの重量）は最大 16.8 トンとなっている。20 年前までは 13 トンであった。米国の 36 トン、欧州の 21 トンなどと比べると低い値となっている。貨物は 1 両の貨車にどれだけ多くの貨物を積載できるかが重要である。貨車自身の重量、空車重量は軸重が大きく

---

[16]　国土交通省ホームページ www.mlit.go.jp/tetudo/tetudo_tk2_000015.html

なってもそれに比例して重くはならない。設計の良し悪しにもよるが、構成する鋼材や車輪等の重量は概ね軸重の平方根で増加する。部材の断面積で負担する荷重が決まるからである。したがって、軸重が大きくなればなるほど、貨車の空車重量は相対的に小さくなり、空車重量と積載重量の比、積空比は大きくなり、貨車1両の積載効率を大きくすることができる。

車両限界と軸重が大きくなれば、コンテナーの二段積輸送（Double Stack Container、DSC）も可能となる。

同時に貨物列車の長さも貨物輸送の生産性に大きく関連する。日本の貨物列車は長さ 300m であるが、海外では長編成化が進められ、米国ではマイルトレイン（全長 1.6km）、オーストラリアでは3乃至4kmの列車が運行されている。

このような世界の趨勢に比べ、日本の貨物輸送は規模が小さいのでそのままでは太刀打ちできない。しかし、コンテナーの情報管理については、そのきめ細かさから売り込み可能であろう。

貨物列車の時刻表が売られているのは日本だけであろう。多くの国では、貨物列車は貨物が集まってから運行され、歯抜けのコンテナー列車が時刻表通りに運行されている日本の状態は奇異な目で見られる。これは、線路の容量が少なく、旅客列車が多く運行されているため、貨物列車も時刻表通りに運行しなければならなくなっているためである。

貨物列車は運ぶべき貨物が集まってから運行されるのが基本である。鉱山や炭鉱鉄道は鉱石や石炭が満載されて初めて列車が運行される。他の貨物列車も同様である。かつては、貨車1両単位であちこちから集めたものを操車場で行き先別に仕分けして、同じ方向に向かう貨車をまとめて貨物列車としていた。

今は操車場を廃止して、貨物の集積地（港等）から目的地までの直行輸送が主流となっている。そのため、コンテナー輸送でも目的地に向かうものが少なければ、集まるまで集積地に留め置かれることとなる。旅客と貨物列車が同じ線路を使用する場合には、旅客列車を優先して運行し、貨物列車はその合間に運行することとなる。旅

写真 1-8　米国貨物列車、
（ダラス・ユニオン駅 2005.09.27）

客列車の時刻表はあっても、貨物列車の時刻表がないのが世界の常識といえよう。

貨物列車の生産性向上のため、軸重増加、長編成化、DSC、自動運転あるいは無人運転が推進されている。貨物列車の競争相手は、トラックだけではなく船である。米国の大陸横断鉄道は、パナマ運河と競争している。

1.4　地　方　交　通

1.4.1　国内の地方交通

国内のどこに行っても、輸送密度の低い地方交通[17]を担う車両は、その路線の経営状態を反映して経年の古いものあるいは中古車両が目立つ。JR 各社は経営改善のため、国鉄時代の車両置き換えのために新車を投入しているが、その規模は大きくない。投入路線の経営環境の厳しさを反映して、コストダウンを強く意識した仕様の車両となっている。すなわち 1 両または 2 両のワンマン運転で、車内設備も簡素なものとしている。また、新車投入に合わせて、編成両数の減を行い、混雑時間帯は東京顔負けの混雑となる路線もあり、長時間乗車でもロングシート車両を使用している路線もある。輸送量が少ないのだから我慢しろということが見え見えである。これは、地方交通の運行を各鉄道事業者の経営努力に任せていることの結果である。

人口の少ない地方交通は誰がどのように責任を負うべきだろうか。国鉄の分割民営化に先立って、地方交通線の線引きが行われ、新生 JR 各社が経営するのが困難と判断された輸送密度[18]2000 人／日以下の「地方交通線」は、バス転換あるいは第三セクターによる経営となった。そのときに、転換交付金としてバス会社や第三セクターに資金が拠出された。この資金で基盤整備を行い、経営を継続することとなっていた。しかし、民間会社あるいは第三セクターの経営努力のみに頼る手法は限界に達し、沿線人口の減少が急速に進んだ結果、最初の計画は破綻し、一部では上下分離による地方自治体のインフラ整備補助、運営費補助が行われているが、地方自治体の中でも利害が対立しているので、

---

[17] 国鉄末期に国鉄再建法に基づいて幹線と地方交通線を区分した。地方交通線は営業キロ 30km 未満かつ旅客輸送密度（1 日当たり旅客人キロを営業キロで除したもの）が 8000 人未満、30km 以上であっても旅客輸送密度 4000 人未満としていた。JR に限らずこの区分に当てはまるものを地方交通を担う路線とした。

[18] 年間輸送人キロを営業キロと 365 日で除した値。

路線の維持には大きな困難が横たわっている。さらに、JR の路線であっても、地方の衰退は、「地方交通線」で線引きされた当時の輸送密度を大幅に下回る結果となっている。地震や洪水などの大規模災害による被害の復旧の際に、それら路線復旧の可否についての議論が提起され、民間会社による維持努力は限界に達している。仮に大都市で収益を上げていても、大都市旅客から収益還元の要求が強くなり、地方路線に回すよりも、大都市での投資によるサービス改善と将来の収益確保が必須となっている。

第三セクター鉄道を中心に沿線の地方自治体の支援が行われているが、市場そのものが小さいので、新しい地方交通の車両やシステムを生み出すには至っていない。

1.4.2　ヨーロッパの地方交通

ドイツやフランスの国鉄改革で採用された施策は、日本とは全く異なっている。両国は、国鉄の経営形態変更に合わせ、地方交通は州政府の責任とされ、鉱油税や交通税などがその財源に充てられた。国鉄の上下分離により、インフラ保有会社と列車運行会社に分かれ、列車運行会社の自由参入が認められ、従来の国鉄ではなく、新たな運行会社の参入が期待された。同時に、地方交通運行会社は、州政府と契約し、サービスおよび運賃水準を決めるとともに、州政府は補助金を拠出することとなった。これにより、国鉄が使用していた経年の大きい車両は、州政府の資金で近代的な車両に置き換えられた。サービス水準の向上と合わせ、省エネルギーや保守費の低減が図られた。列車運行会社がインフラ保有会社に支払う使用料は通過車軸数に比例するので、連接車や二階建て車両が多く採用された。地方交通は列車に限定されるものではなく、列車は1日1往復とし、他はバス輸送として、運行頻度を確保しているケースもある。

このように州政府との契約となったので、ロングシート化による連結両数減や、列車本数を間引くなどのサービス低下は避けられている。州政府、すなわち住民が

写真 1-9　北イタリア・ロンバルディア州地方交通用電車（ミラノ中央駅、2016.11.13）

選択すれば、路線の廃止もあり得るが、移動権を保証する観点から、極端な施策は採用されない。車両も地方政府が調達するようになり、車両の改善が進んだ。車両メーカーも地方交通用車両を開発し、新たな市場需要に応えた。このようなプロセスを経て、地方交通の車両の更新がなされた。

1.4.3　地方交通用車両の競争力

地方交通線用車両の開発でも日本とヨーロッパでは明暗が分かれる。JR東日本やJR九州は地方交通線用にハイブリッド気動車やバッテリー動車を開発して投入しているが、他のJR各社、中小民営鉄道および第三セクター鉄道の財務状況はよくない。電化鉄道は、大手民鉄などの中古車両購入で車両の更新を行うことができるが、非電化鉄道は、JR各社の中古車が少なく、ディーゼル車両専業メーカーからの調達に頼ることになる。しかし、残念ながら、市場規模が小さいことから、専業メーカーも小規模であり、開発能力が高いとはいえない。また、車両価格も低く抑えられ、技術革新はほとんど行われず、旧態依然とした車両が製造され続けている。ヨーロッパは車両メーカーの寡占化が進んでも、地方交通やLRV市場の活発化によって、スイスのシュテッドラーのような新興メーカーが、ビッグスリー[19]に互して魅力的な車両を供給している。

以上述べたように、地方分権化と合わせた地方交通の活性化施策が無ければ、市場は縮小し、車両の開発も停滞するので、日本の地方交通線用車両を海外に売り込むことは難しい。仮にODAで売り込むことができても、魅力ある車両を適正な価格で納入できるか、技術支援を含めたアフターサービスは万全かなどの課題がある。これは車両メーカーの経営体力にも係わる。

写真 1-10　シュテッドラー社製LRV
（INOTRANZ ベルリン、2012.09.20）

---

[19] ビッグスリーは、アルストム（AlsthomまたはAlstom）、シーメンス（Siemens）およびボンバルディア（Bombardier）3社を指す。ヨーロッパ市場統合に合わせて、それぞれが各国のメーカーをM&Aで吸収して、電力、信号および車両の各分野を統合し、1社で全てを供給する総合的な鉄道産業となった。この3社はヨーロッパ鉄道市場で独占的地位を占めている。

1.5　浮上式鉄道

　リニアが日本独自の高速列車技術として米国等への売り込みがなされている。その勝算はあるのだろうか。

　走行抵抗を少なくし、高速走行もねらって、空気または電磁力で車体を浮上させる浮上式鉄道もさまざまな挑戦が行われた。

　フランスのベルトランは、ホバークラフトのように、外部から吸い込んだ空気を車体下部に吹き出して空気圧で車体を浮上させ、ジェットエンジンで車体を推進する空気浮上式鉄道アエロトランを考案した。試験線 18km をオルレアン近郊に敷設し、1965 年から 1975 年に実験を行った。空気浮上用ガスタービンおよび推進用ジェットエンジンによる騒音が大きく、アエロトランとほぼ同時期に開発が進められていた TGV（Train á Grande Vitesse、高速列車）が実用化された。アエロトランは連結運転を考えておらず、輸送力は連結運転の TGV にかなわなかった。また、トンネル通過時にも空気力学的課題があった。現在も実験線が残されているが、車両は車庫の火災で焼失している。

　ドイツは、磁気吸引浮上式を高速鉄道と都市鉄道の二つについて開発を進めた。高速鉄道は、エアランゲン（Erlangen）に試験線を敷設して実用化に向けての各種試験を行った。その成果を受けて、上海市内と空港を結ぶ 30km、最高速度 430km/h の浮上式鉄道が建設されたが、延長計画は凍結されたままである。上海の路線は、軌道桁下部に浮上および制御用電力供給のため、多くのケーブルが敷設されており、軌道桁上面にも擦り傷が散見され、実用化への課題の多いことが伺われる。肝心のドイツ本国では、建設費に見合う需要がなくベルリン〜ハンブルグ間の建設計画も中止された。

　都市交通用として M バーン（M-Bahn）が開発された。車体に取り付けた電磁石と軌道下面に取り付けた鉄芯のギャップを 10mm 程度に保つように車両側電磁石の磁力を制御して、車体を軌道の上に保持する。正確には車体支持部が軌道にぶら下がっており、リニアモーターによって車体を推進する。1987 年頃、西ベルリンの休止中の U バーン（地下鉄）路線を使用して試験が行われた。車輪がないので騒音が低く、走行抵抗も小さいという利点があるが、ギャップ調整の制御、浮上のための電力消費、既存の鉄道との互換性が課題となり、営業運転には至らなかった。ベルリンの壁崩壊により、試験線も U バー

ンに戻され、車両がニュルンベルグ鉄道博物館に展示されている。

日本でも常温伝導磁気吸引浮上式鉄道が、1975年頃から日本航空（JAL）により独自に開発され[20]、愛知万博に合わせて愛知高速交通東部丘陵線リニモが2005年3月に営業運転を開始した。騒音と振動の少ないことが売りであったが、浮上のためのエネル

写真 1-11　M バーン
（ニュルンベルグ鉄道博物館、1995.07.19）

ギー消費が無視できないこと、他の鉄道システムとの互換性のないことから、他の都市でリニモを採用する動きは見受けられない。また、JAL が撤退し、中部 HSST 開発が開発と売り込みを行い、海外へは HSST システム販売が売り込みを行っていたが、いずれも成果を得ることはできないでいる。開業7年後の 2012 年 7 月に訪れたが、旅客は閑散としており、在来鉄道との互換性のないこと、名古屋市営地下鉄藤が丘駅および愛知環状鉄道八草駅での接続が悪いことも影響していると考えられる。

　JR 東海と鉄道総研は超電導による磁気反発浮上式鉄道を開発し、東京～名古屋間で 2027 年開業を目指して建設中である。しかしながら、レールと鉄車輪のように重力に逆らわず、機械的フィードバックで走行安定性を担保しているものに対し、空気あるいは磁気による浮上は、そのためのエネルギーを必要とし、走行安定のための制御も電気的に行わなければならないので、安定なシステムとはいえない[21]。また、列車内で必要なエネルギーを架線のような直接集電ではなく電磁的に外部から供給する場合も効率が低く、ガスタービン等による発電機を補助的に使用しなければならない。将来はバッテリーなどにより改善されるかもしれない。

　東海道新幹線開発当時に、粘着走行の限界が三百数十 km/h にあるとの予測で始まった磁気浮上式鉄道だが、TGV が鉄車輪による粘着走行でも 584km/h が可能であることを立証した時点で、磁気浮上式鉄道開発の前提条件の根拠が

---

[20]　リニアモーターカーへの挑戦、長池透、今日の話題社、2018 年
[21]　磁気反発式なので制御は不要との意見もあるが、一定の速度を得るまで、減速から停止までおよび電源喪失に対してはゴムタイヤ走行となる。

失われ、開発戦略の見直しがされてしかるべきであったと思われる。

超伝導磁石による浮上は、電磁気的影響を土木構造物にも及ぼす。電磁気学の法則では、移動する磁場により、近接する導体に電流が誘起され、その電流が導体を流れ、移動体にも影響を及ぼす。したがって、リニアでは土木構造物に鉄筋などの導体を使う際に

写真 1-12　超伝導磁気浮上式鉄道
（リニア鉄道館、2012.07.13）

は、鉄筋同士を電気的に絶縁しなければならない。また、地上にモーターの界磁に相当するコイルを配置しなければならない。これにより建設コストが高くなるとともに、このような強力な磁場に曝（さら）されることに対する影響について、市民団体からの疑問が呈され、電磁界情報センターのホームページには、測定結果は基準値以下との見解が示されている[22]。

JR 東海は高温での超伝導材料開発に取り組んでいるが、現在は液体ヘリウムを使わざるを得ず、ヘリウムおよび超伝導材料に使われる貴金属の供給がリスクと考えられる。

超伝導リニアに関しては、推進側と反対側双方の書籍[23]が多数刊行されており、技術の安全性および実用性について双方の主張はかみ合わない。一方は実験線で検証済とし、他方は工事に伴う環境破壊、電磁気の影響に焦点を当て、議論は平行線のままである。いずれにしても、実験線ではなく営業運転での実績の無いことが懸念され、海外に売り込むことは、将来大きなリスクを抱え込むおそれがある。原発の二の舞は避けるべきであろう。

1.6　日本メーカーの実力

国内には、海外に業務展開している車両メーカーとして、川崎重工業、日立

---

[22] www.jeic-emf.jp
[23] SUPER サイエンス　超電導リニアの謎を解く、村上雅人 / 小林忍、C&R 研究所、2016 年およびリニア新幹線が不可能な 7 つの理由（岩波ブックレット）、樫田秀樹、岩波書店、2017 年他

1.6 日本メーカーの実力

製作所、日本車輛、近畿車輛、総合車両製作所の5社がある。この他に台車メーカー、電機メーカー、機器メーカー、部品メーカーが多くあり、1社単独で車両を供給することはできない。これは、輸入技術の国産化の過程で鉄道省の直営工場が大きな役割を果たし、直営工場の業務の一部をメーカーに委託することによって国内の鉄道産業が育ってきたことの後遺症ともいえる。

現在でもJRや公営鉄道、大手民鉄は車体、台車、電機品、その他機器を分割発注し、車両メーカーが車体に取り付ける契約形態となっている。車体以外は交付材あるいは支給材として、施主が仕様を決めている。これでは、車両メーカーはシステムインテグレーターとしての役割を果たすことはできない。

電力や信号についても、電機メーカー、信号メーカー、電設業者が多数あり、電機メーカーも信号メーカーも機器を納入するが、システム設計は鉄道事業者、設置は電設業者と役割が分かれている。このように多くの企業が分立し、それぞれが全体ではなく部分のみに従事しているので、ビッグスリーに太刀打ちすることは難しいといわざるを得ない。

日立製作所は、車体、電機品、電力、信号および通信をカバーする総合メーカーとして、英国市場への参入、イタリアのアンサルド社買収により急速に売上を伸ばしているが、まだ国際企業としての成長過程にあると思われる。

ビッグスリーは20年以上かけてM&A等により業務範囲を拡大し、開発能力を発展させてきた。それと平行して設計のモジュール化、プラットホームの共通化による開発費および製造コスト削減に努めてきた。国内の車両メーカーは、規模の差はあるものの、売上高はビッグスリーや中国中車にはるか及ばず、設計および製造能力も分散していることから、大規模なプロジェクトの単独受注は難しく、複数社での受注を望んでも、国際競争入札のルールになじまない。必然的に中規模の日本政府によるODA（Official Development Assistance、政府開発援助）プロジェクトで日本メーカー同士による受注競争を繰り広げ、企業体力を消耗する低価格受注の罠にはまっている。さらに、日立製作所および川崎重工業を除き、車両メーカーはJR東日本、東海および西日本の資本が注入され、子会社となっていることも、各社の事業活動を縛る結果となっている。車体製造、組立は自動車に比べてロット数が少なく、注文生産的要素が大きいので、労働集約形産業となっており、ODAによらない海外市場では人件費の安い韓国や中国と価格競争で採算を悪化させている。

電機メーカーはパワーデバイスを自社内で開発する強みを活かし、プロパル

ジョンシステムの供給者として世界に進出している。しかし、あくまで供給者の地位にとどまり、システムインテグレーターとはなっていない。

信号メーカーは、日本信号、京三製作所および大同信号があるが、企業規模から単独で新規プロジェクトの信号システムを独自にとりまとめることは難しいと思われる。ビッグスリーが車両、信号や電力を自社内に囲い込んで総合的なシステム開発を行っているのと対照的である。

これまでは、鉄道車両や信号機器は鉄道の安全に係わるとしてWTO（World Trade Organisation、世界貿易機関）協定から除外されてきたので、上記の国内の産業構造が温存されてきた。しかし、ヨーロッパ連合（EU）とのFTA（Free Trade Agreement、自由貿易協定）が締結されたので、将来、国内企業はEU企業と競争しなければならなくなるであろう。同時に第8章に述べるように安全認証の方法が変われば、鉄道の許認可制度も何らかの見直しを迫られることになるであろう。一方、国内の中小鉄道事業者は、法令に規定されている設計確認等の書類作成能力を何処まで維持できるか大いに疑問である。大手鉄道事業者から中古車を購入するのであれば、実績があるが、新車あるいは設備更新については、鉄道事業者自身で対応することが難しくなるであろう。

EUや海外企業との競争、新しいシステムの安全認証等に備えるため、従来の枠組みではなく、コンサルの活用も含めた設計、調達、施工監理の仕組が必要になるであろう。後述する安全認証や品質認証に要求されるRAMSやEMCに係わるドキュメント作成および第三者認証は、限られた車両メーカーや電機メーカーのみで対応可能であり、その他のメーカーには難しい。RAMSやEMCができなければ受注すらおぼつかなくなるので、専門の会社に資料作成を依頼して高い金を払うことになる。

本音をいえば、鉄道事業者との人事交流、企業としてM&Aなどで事業の幅を広げることが効果的であろう。ヨーロッパのビッグスリーはそのようにしてシステムインテグレーターとしての能力を確保し、保守契約を受注して保守のノウハウを蓄積してきた。しかし、日本独特の企業グループの壁があり、壁を越えたM&Aは難しい。同時に車両の売上が少なくても企業のフラグシップとしての位置付けもあるので、ドラスティックな協業は難しいと考えられる。

第2章　海外プロジェクト業務の流れ

　日本政府のODAによる案件形成は図2-1に示すように、政府およびJICA（独立行政法人 国際協力機構）による地域・国・課題別の援助方針決定を受けて、JICAから競争入札で選定されたコンサル[1]に案件発掘・形成のための調査が発注され、コンサルは調査を実施し、フィージビリティ（FS）調査報告書を作成し、JICAに提出する。JICA資金によるほか、相手国政府等が実施したFS調査報告書がJICAに提出されることもある。調査報告書はJICAで審査され、政府により案件実施の是非が判断される。実施となれば、案件採択通知が相手国に通知され、閣議決定後に日本政府と相手国政府間で国際約束が締結される。海外鉄道プロジェクトの多くは有償資金協力であるので、借款条件と金額についてJICAと相手国政府間で合意文書（Loan Agreement、LA）を締結する。

　合意文書締結後は、合意に基づいてJICAから相手国政府に資金が貸し付けられ、その資金で相手国政府もしくは事業主体は入札準備のための基本設計、入札図書作成および入札補助のためのコンサルを選定する。コンサルの選定は競争入札で行われる。

　コンサルは事業主体である施主と協議を重ね、基本設計および入札図書を作成する。その入札図書により入札が行われ、プロジェクトの請負者が選定される。

　入札により請負者が選定されれば、請負者による設計・施工を監理するコンサルを選定する。基本設計および入札図書作成に従事したコンサルがそのまま設計・施工監理を行う場合は、ゼネラルコンサルタント（General Consultant、GC）という。

　海外プロジェクトにおける業務は大きく分けて三段階となる。コンサルの提供するエンジニアリングサービス（ES）業務は上記の施主側で実施するFS、基本設計、入札図書作成、設計・施工監理からなる上流、受注もしくは提案側で実施する中流、完成後の運営保守を実施する下流に分かれ、いずれもコンサルの役割が大きい。業務の流れとして上流から下流に整理したが、どの業務が上位にあるという意味ではない。

---

[1] 本書で、「コンサルタント」あるいは「コンサル」は、専門技術サービスを提供する企業もしくは専門家集団を指し、個人レベルのコンサルは「専門家」という。

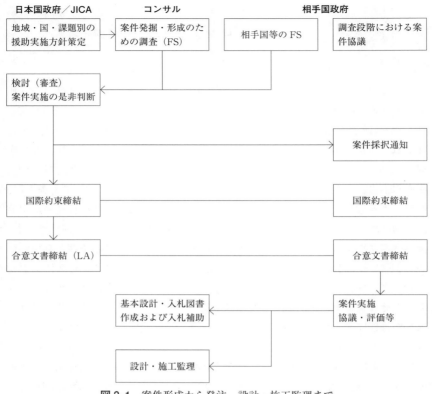

図 2-1 案件形成から発注、設計・施工監理まで
出典:JICA 資料

2.1 上流(プロジェクト計画、発注、Project Owner side)の業務

上流の業務内容と課題を表 2-1 に示す。

案件形成のための FS、案件形成後の基本設計、入札図書作成、入札補助および設計・施工監理の各業務に分かれる。それぞれの ES 業務を実施するため、コンサルが雇用されるが、全ての業務を同じコンサルが担当することは少なく、「FS」、「基本設計〜入札補助」、「設計・施工監理」をそれぞれ別々のコンサルが担当することが多い。このため、各 ES 業務で作成する文書(調査報告書、設計書、入札図書等)は、次の段階で担当するコンサルに引き継がれ、業務の

2.1 上流（プロジェクト計画、発注、Project Owner side）の業務

表2-1 プロジェクトの計画から発注、施工監理まで（施主側の業務）

段階	業務内容	課題
フィージビリティ（FS）調査	プロジェクト計画決定のための調査（適用可能技術、経済性評価を含む）、基本計画策定、概略設計、概略事業費算定	相手側要求内容の的確な把握 システム全体の把握
エンジニアリングサービス（ES）（基本設計）	事前調査に基づき顧客および利害関係者（Stakeholder）と協議し、基本設計を行い、コストを試算する	日本と海外の技術比較を踏まえた施主への説明および設計能力、国際規格等の知識
ES（入札図書作成）	基本設計、契約方法に沿った入札図書作成	FIDIC（国際契約約款）[2]の知悉、仕様書作成能力、リスク分析
ES（入札補助）	入札評価、契約交渉について顧客を補助	公正な評価、顧客とのコミュニケーション能力
設計・施工監理	設計、製作、施工、試験、受入検査、運営、保守について顧客の補助もしくは代行	海外での設計・施工監理技術者の養成

基礎となるので、それぞれの文書において、前提条件、方法論、根拠法令および規格、結論を明確に記述しなければならない。それぞれの段階で提出される文書、FS報告書、基本設計書および入札図書は政府機関およびプロジェクトオーナー（施主）を拘束する公文書となる。

基本設計時にFS報告書の概略設計から変更する場合は、その理由を明確にし、施主の同意を得なければならない。FS報告書で見積もった概略事業費は、日本国と相手国の借款供与および国家予算に連動する。最終的には基本設計で見積もった工事費で補正されるにしても、事業費すなわち国家予算の増額は簡単には認められないので、その根拠を説明する資料を準備しなければならない。

基本設計から得られたデータを基に入札図書を作成する。入札図書には工程を含み、管理ポイントとなる契約パッケージ間の受け渡し期日、完成期日等を明示し、契約上の義務とする。

DB（Design and Built、設計および建設）あるいはEPC（Engineering, Procurement and Construction）契約（ターンキー契約[3]ともいう）では、請

---

[2] FIDICについては第7章参照
[3] プロジェクトに設計、施工および試験は請負者が全て行い、引き渡し後に、施主がキーを受け取って、キーを回すだけでシステムや設備が稼働するよう要求する契約方式。

負者が設計についての責任を負うので、基本設計に使用した前提条件のデータ、設計・施工に適用する法令、規格、使用条件、機能・性能要求をピックアップして入札図書に反映する。土木・建築、軌道等の設置場所や基本構造を所与の条件とするものを除き、基本設計で得られた具体的数値は記載しない。添付する図面も参考資料の扱いとする。これは、応札者が入札仕様書に規定された要求事項を満たす最適な設計および施工方法を提案することを前提としているためである。応札者の保有する技術により、同じ機能・性能のものを実現する解決手段（設計、製造、施工）は異なり、それぞれの応札者が納期内竣工を前提に如何に低価格での解決手段を提案するかを競争させるのが、入札の目的である。同じ大きさの車体、最高速度条件であってもメーカーによって異なる自動車を製造・販売していることを考えればよい。

　国内案件では、要求仕様に対する解決手段は施主が提示するが、DBおよびEPC契約では、施主は解決手段を提示せず、応札者の提案を評価（技術および価格）して選定する。入札仕様書作成の過程で、コンサルは施主と協議し、現地法令との関連、特に公的機関による許認可、施主による承認範囲、現地生産化、教育訓練、保守などの要求をとりまとめる。

　ここでは、多くの海外プロジェクトで採用されている競争入札かつ一段階二封筒入札（第7章を参照）について述べる。

　一般的には、入札公示の前に事前資格審査（Pre-Qualification、P/Q）を行う。これは、プロジェクトの規模および調達内容に基づいて、入札参加資格を示し、応札参加希望者から入札参加に必要な要件を満たしているかを示す書類を提出させる。直近5年間の財務諸表、納入／受注実績、製造能力等を要求する。P/Qのために提出する書類の種類と内容、審査基準もコンサルが施主と協議してとりまとめる。国内案件では、継続的発注が期待されるので、鉄道事業者等は定期的に入札資格審査を行っているが、海外案件では常に一発勝負なので、案件毎に資格審査を行うことになる。

　入札公示後、P/Qを通過した応札希望者は入札図書を施主から購入し、入札準備を始める。

　入札公示から一定期間は、応札希望者から入札図書に関する質問を受け付け、回答案を作成し、施主から回答する。質疑応答（Q&A）は、入札の公平性から全ての応札希望者に公開する。Q&Aは数百に及び、場合によっては入札図書の修正、補遺を発行する。Q&Aで入札図書の不備を指摘されることもある。

また、応札者間の駆け引きで、全ての不備があからさまになるとは限らない。大事なことは契約交渉まで伏せられていることもある。

　入札締切り後、コンサルは応札図書を商務および技術両面で評価する。入札方式によっては、商務提案のみを最初に評価し、通過した応札者の技術提案のみを評価する。あるいは、その逆に、全ての技術提案を評価し、評価基準を通過した応札者のみについて、商務提案を評価し、契約交渉の順位を決める。この評価基準は入札図書に明示し、評価の公平性を担保する。

　施主は第一優先権を獲得した応札者と契約交渉に入る。契約交渉は、入札図書記載の要求事項を商務、技術それぞれについて、双方の立場で確認する。コンサルは、契約交渉の議題と内容をとりまとめ、議事録の作成で施主を補助する。交渉がまとまれば、契約に入る。ここでコンサルが代わることが多い。したがって、コンサルは基本設計、入札図書、上記の Q&A および契約交渉の経過について資料をまとめ、次のコンサルへの引継資料とする。

　入札図書、契約交渉議事録等が契約書となるので、コンサルは契約後、請負者から契約書に従って提出される文書、設計図書等のレビュー、機器の工場試験立会、試験報告書レビュー、施工監理、受取検査を行う。

　コンサルおよび請負者側のプロジェクトマネジャー（PM）および技術全般を統括するシステムインテグレーター（SI）はこれら業務を通じて中心的役割を担うので、契約書全般について、技術のみならず商務部分も含めて知っておく必要がある。

　施主側 SI は、FS と基本設計において、プロジェクトの達成目標（輸送力、運行速度、頻度、安全性、事業費等）を実現するため、鉄道を構成する各システムの適用技術および仕様をチェックするとともに、システム間のインターフェースを調整する。それらを入札図書中の施主要求事項（Employer's Requirements）に反映する。施主要求事項は、車両、電力、信号などの各システム専門家がそれぞれの担当分野を執筆するが、多量の文書であり、内容が多岐にわたるので、SI は全体を俯瞰して、リスクはあるか、要求事項間に矛盾があるか、異なる解釈の余地があるかについてチェックを行う。これら一連の作業はプロジェクト実施主体（Project Owner）である施主の合意を得ながら進めるので、その過程で施主からの様々な質問にも答えなければならない。施主からは、欧米と日本の技術の比較、技術採用の根拠、コスト比較等について聞かれるので、それらに的確に回答しなければならない。

施主が請負者を決定し、契約が成立すれば、コンサルは施主の代理人（The Employer's Representative）もしくはエンジニアーとして、設計・施工監理を行う。SI は各システム担当者を技術的に統括し、必要に応じて助言する。文書や設計図書のレビューは、契約書に合致したものであるか、技術的に問題ないかを確認するのであって、個人的見解に基づいて判断してはいけない。まして、施主の同意なしに契約書の規定を緩めたり、追加したりすることがあってはならない。

施主はコンサルを百パーセント信用しているわけではなく、コンサル業務を監視するコンサルを雇用したり、第三者検証を行ったりして、コンサルのパフォーマンス（能力と働き）をチェックする。これは同時に、会計検査院のような組織から施主自身を護るためのものでもある。

2.2　中流（プロジェクト受注、施工、Tenderer/Contractor side）の業務

入札準備から竣工までの中流の業務の流れを図 2-2 に示す。応札者あるいは請負者のコンサル業務は P/Q で要求される書類作成から始まる。しかし、P/Q で要求されるものは商務に係わるものが多いので、技術面での業務は入札公示後の入札図書分析から始まるといってもよい。P/Q を通過した業者あるいは企業連合（Joint Venture、JV）のみが入札図書購入の権利を有する。

業務内容と課題を表 2-2 に示す。

入札が公示され、入札が開始されるとともに応札予定者は社内技術陣あるいはコンサルを雇用して入札準備チームを立ち上げ、入札図書を吟味し、規定間に矛盾がないか、リスクはないか、自社あるいは応札グループの技術で実現可能かなどの課題をリストアップし、施主に質問状を提出する。施主からの回答に対して疑義があれば、さらに質問する。施主は質問内容を検討し、回答するが、入札図書の改訂が必要と認めたときは、補遺（Addendum）を発行する。これら Q&A は書面でなされ、入札プロセスの公平を担保するため、全ての応札者に公開されるので、質問の内容も応札者間の駆け引きの一部となる。Q&A と平行して、入札提案書を作成する。応札側の SI は、社内あるいは JV 企業間の各システム担当者を統括して、施主要求事項を如何に満たすか、提案にリスクはないか、コスト目標を達成できるかを考慮して、技術提案書をとりまとめる。技術提案書の評価項目および基準は入札図書に記載されているので、

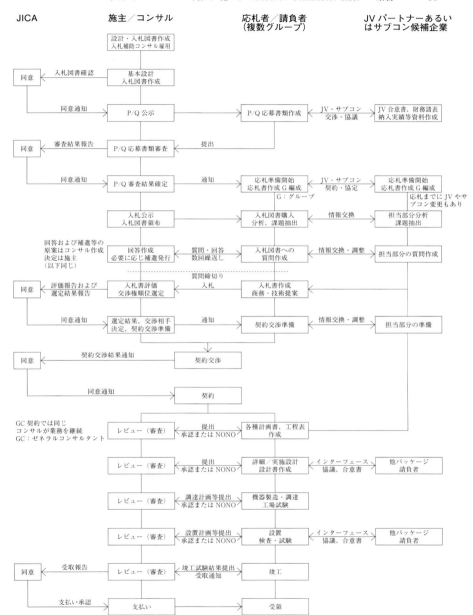

図 2-2　入札準備から竣工まで

表 2-2　プロジェクトの応札から竣工まで（請負者側の業務）

段階	業務内容	課題
入札提案書作成	入札図書に対応した、設計、コスト見積もり、リスク把握、提案書作成	入札図書要求事項の的確な把握 経験ある専門家確保 SI 養成
契約交渉	施主との契約交渉、確認	技術法務、クレーム処理の専門家養成
設計、製作	設計関連図書作成、設計申請、製作・調達工程管理、品質管理計画リスク管理、文書管理等	専門家確保、外部コンサルおよび下請選定 文書作成・提出工程管理 FIDIC の知悉 適切なクレーム処理
施工	施工設計、技術管理、工程管理、品質管理、コスト管理、文書管理等	現地施工業者の管理、コミュニケーション能力
教育訓練、TOT	マニュアル作成、教育・訓練	技術者の養成
竣工（Commissioning）	竣工検査	技術者の養成

それを満たすことが重要となる。

　応札の結果、商務、技術面で入札図書の要求基準（入札仕様書）を満たし、契約交渉権を獲得した応札者と施主は、契約交渉に臨む。入札図書およびQ&Aにおける疑問点の解明、支払い条件、価格等について双方で議論し、契約交渉の議事録も契約書の一部となる。

　契約交渉については、前項で述べたことを応札者側として対応することになる。

　車両や信号などの個々のシステムを発注する契約パッケージでは、それぞれのメーカーのこれまでの経験から技術提案書をまとめることはできる。しかし、いくつかのシステムをまとめた契約パッケージでは、車両メーカーや信号メーカー単独では応札できず、いくつかの企業が JV あるいは下請（Sub-Contractor、サブコン）として応札することとなる。また、鉄道独自の技術体系があり、列車運行の安全と関連する様々な規制があるので、これらを熟知した上で、企業を跨がる技術的調整、下請管理ができる能力を請負者側の SI は求められる。残念ながら、今まで需要の少ないこともあって、このような技術者の養成はどの企業でも行っていない。鉄道事業者や鉄道・運輸機構の OB に人材を求めるにしても、リソースは限られており、OB がそのまま海外で通用しないことも多く、早急に養成する必要がある。

2.2 中流（プロジェクト受注、施工、Tenderer/Contractor side）の業務

　無事契約に漕ぎ着けた後は、プロジェクト実行組織を立ち上げ、契約書に要求されている文書、設計図書等を提出し、エンジニアーまたは施主代理人のレビューを受ける。

　契約直後に提出しなければならない管理文書は、プロジェクトの組織運営および品質管理に係わるものが多いので、技術屋よりも事務（規程）屋のセンスが必要となる。初期工程計画表（プログラム）は入札時に提案したものを、確定した着手日、契約交渉での決定事項を反映して修正したものを提出する。気を利かせたつもりで、応札時の提案と異なる内容の初期工程計画表を提出されると、受け取る側が困惑する。初期工程計画表は、要求した期日に完成すると提案したことを、契約後に再確認する意味で要求しているからである。

　設計関連図書は、契約書の要求事項に沿って、前提条件の確認、設計方法論、適用法令および規格、採用技術の優位性、製造および検証方法などを論理的にまとめる。設計というと直ぐに図面作成が頭に浮かぶが、基本は設計のプロセスを明確にし、その設計が適切であることを引用規格や文献で裏付けすることである。いきなり図画工作（図面作成）を始めるのではなく、国語と社会科（契約書の読み込み、解釈）、そして算数と理科（設計基本条件確認、設計計算等）から始めないと、施主も施主側コンサルも内容を理解できない。

　自社のみで設計を完結できない場合は、JV メンバーあるいは下請がそれぞれのパートに係わる設計図書を作成し、請負者が元請けとして施主側コンサルに提出することもある。その場合、請負者側の SI は、それら設計文書を元請けとしてチェックしなければならない。システム全体を考慮しない設計であったり、記述内容に問題があったりするケースがある。設計図書チェックについては、第 4 章に示した基本設計のチェック項目を参照されたい。

　入札提案書で提案している材料、機器、製造方法を下回るものを設計図書に記載することはできない。入札提案書が契約書の一部となっているからである。あるいは、設計図書で提案したものを施工時にグレードの低いものに代えようとしても問題となる。バリューエンジニアリング（Value Engineering、VE）の制度を使って値引きするなら話は別であるが。入札提案作成時に設計と並行して価格表（Price Schedule）を作成して、コスト内訳を確認するとともに、設計図書作成時にコスト管理を十分に行う必要がある。

　審査の結果、承認（FIDIC イエローブック）あるいは NONO（FIDIC シルバーブック）を得れば、資器材の調達、施工準備に入る。資器材の調達、製作の過

程においても、品質管理のため、所定の検査・試験を実施するが、検査・試験計画書、施主の試験あるいは初物検査立会い等が行われ、請負者はそれらの計画書、試験成績報告書等を作成、提出し、施主の同意を得る。

施工段階においては、施工計画書および図面等を作成し、その都度施主の同意を得る必要がある。

施工のため、下請を使うことが多いが、下請に何を委託し、何を元請けとしてやらなければならないかが重要である。特に、現地公的機関による作業資格や機械の許認可について目を光らせておかないと、工程遅延の要因となる。施工関連の文書作成も下請任せにすると思わぬ落し穴がある。元請けあるいはJVの幹事会社として、工程、安全、品質およびコスト管理等押えておかなければならないことを明確にすることが重要である。

下請への発注文書に、発注する業務の内容、成果物の検収基準等を明確に記述することが重要であり、同時に下請が作成した文書を請負者の名前で施主もしくは施主側コンサルに提出する場合は、元請として責任を持ってチェックしなければならない。下請作成が見え見えの文書は請負者の管理能力を問われる。

施工完了後は、納入し設置した機器およびシステムの機能と性能が入札仕様書を満たすことを検査・試験で実証する。検査・試験計画書、合否基準も事前に施主の同意を得ながら進める。全ての検査・試験が入札仕様書を満たし、要求されたマニュアルや竣工図等の納入が確認されて、施主への引き渡しが行われる。

教育訓練、TOT（Transfer Of Technology、技術移転）については、多量のマニュアルを英語および現地語で作成しなければならない。国内ではマニュアルは大雑把でも指導員の口頭や実技による指導で補足できるが、海外は、誰がやっても間違いなく作業ができるマニュアルが要求される。図や写真、関連する規則、規格などの抜粋も必要となる。そのための専任スタッフをそろえる必要がある。

2.3 下流（プロジェクト運営、保守、Contractor side）の業務

これまでの海外プロジェクトでは、上記の上流と中流の業務で竣工したものを施主に引き渡して終わりであった。しかし、完成したものが十分に使われていないとの反省があり、完成後の運営・保守も本体契約の一部としたり、本体

契約後に保守支援契約を締結する要求を規定したりするようになった。

一方、施主側でも、都市鉄道が初めて建設され、運営や保守の経験が全くないので、そのための教育・訓練や支援を必要としている。

主な業務内容と課題を表2-3に示す。ここではSIではなく、運営や保守の責任者として国内や海外の鉄道事業における経験者が求められる。マニュアル作成と教育・訓練が重要であり、一つのプロジェクトが突破口となれば、その後のプロジェクトはそれをなぞる形で進めることができるであろう。

運営・保守について、現地政府あるいは地方政府等が設立した運営・保守会社の業務支援と、請負者が運営と保守を直接行う方法がある。後者の場合、運営や保守の実際の作業は労働許可および人件費の問題から、現地で雇用した社員が行うのが一般的であろう。そのため、現地企業とのJVも考慮する必要がある。前者と後者に共通する課題は、保守用部品および消耗品のサプライチェーンをどのように構築するかである。プロジェクトの建設工事請負者であれば、設計段階からISO 10007に準拠したコンフィギュレーション管理（構成管理または形態管理ともいう）を行い、個々の部品が設計変更あるいは生産中止となった場合の代替品管理ができる。

運営・保守計画提案において、どのような管理組織、運営・保守実行組織および要員構成、品質管理システム、作業員の技術・技能検定、故障率やアベイラビリティモニター（監視）システムおよびコスト管理を行うかを具体的に提案し、顧客利益を増進することを示す。

受注後は、運営・保守組織を立ち上げ、階層別要員の採用基準策定、要員採

表2-3 プロジェクト運営、保守（請負者側）

段階	業務内容	課題
運営・保守計画提案	入札図書に対応した、運営・保守計画提案書作成	日本国内のみならず海外での業務経験
運営・保守組織設立	階層別要員技術技能の基準策定、要員採用、訓練、評価	海外での経験不足 マニュアル整備
運営・保守	現地採用社員による運営・保守実施、監理、技術移転	海外での経験不足 コミュニケーション能力
品質管理	要求された故障率、アベイラビリティの実現、適切な部品供給	顧客とのコミュニケーション能力、クレーム処理
コスト管理	人件費、動力費、材料費、租税公課等の管理	同上

用、教育・訓練を行い、その成果を確認する。教育・訓練は、建設工事の一環として請負者により作成されたマニュアルや補助教材を使って行われる。

実際の作業が実施されれば、その内容の確認、必要に応じた是正措置、運営・保守データの管理、品質管理、故障発生の場合の原因追及と対策確立等の業務が行われる。現場管理においては、現場作業の確認、作業員とのコミュニケーションが欠かせない。

契約で、故障率やアベイラビリティの目標値を要求し、一定の期間毎にモニターし、目標に達せなければペナルティーを課されることもある。故障や不稼働の原因が施主側にあれば、その旨を主張しないと、いたずらにペナルティーを課されることとなる。サプライチェーンを活用して、適切な納期での部品管理も重要となる。部品がないために、いたずらに不稼働期間を延ばすことはできない。

人件費、動力費、材料費等のコスト管理は当然のことであるが、税制変更による租税公課への影響も常にチェックする必要がある。

Column 2-1

- ☆ 海外プロジェクトって、ずいぶん複雑な手続を踏むんですね。もう少し簡単にならないの？
- ◇ ODA は日本国民の税金が原資ですので、使い道も中身も透明にしなければなりません。また、相手国も ODA は借金であり、公金なので、会計検査員や第三者の監査機関のチェックがあります。プロジェクトに関わる人間の汚職防止も重要です。このために、手続を透明にし、後々の証拠となるように保管文書も要求しています
- ☆ 相手国公的機関の承認や許可がなかなか下りないので困っています。袖の下で解決できないの？
- ◇ 滅相もない。今は世界的に公務員の汚職防止が課題になっているので、刑務所に入ることになりますよ
- ☆ では、どうすればいいの？
- ◇ 辛抱強く説明して、待つことですね。施主にも事情を伝えて、施主から関連機関にレターを出してもらうことも一つの方法です

Column 2-2

- ☆ レビューした文書の内容が契約書の要求を満たしていませんね。しかも顧客としてコントラクターの名前が書いてあったけど、社内で提出する文書をきちんとチェックしているのですか？
- ◇ 申し訳ありません。担当者を指導し、チェッカーも増やし、社内でダブルチェックも行います
- ☆ そもそもサブコンはこの仕事をやりきる能力があるのですか？サブコンに丸投げで、元請けとして責任を果たしていないのでは？
- ◇ そういうことはありません
- ☆ 同じこと何回も繰り返さないでほしい。我々コンサルは施主に雇われているのであって、請負者のチェッカーではありませんよ
- ◇ ・・・・・

こんな覚えはありませんか。

第3章 海外プロジェクトの組織

　前章で述べたように海外プロジェクトの各段階でコンサルは重要な役割を果たす。しかし、国内では、土木分野を除いてコンサルは業として成り立っていない。車両、電力、信号、通信等の分野において、システム設計や施工監理は施主が行い、メーカー側で行う設計は製品価格に含まれるので、コンサルの入る余地がないからである。一方、海外では、システム設計、施工監理は施主の代理人もしくはエンジニアーとしてコンサルが担っている。

　国内で車両等の専業のコンサルがないが、海外プロジェクト専業のコンサル会社はある。しかし、一社でプロジェクトを請け負うことは少なく、数社のJVあるいは補強を得て請け負うので、海外プロジェクト毎にコンサル集団を結成することとなる。その組織原理および運営は国内企業の組織と異なったものが求められる。

3.1　海外プロジェクトの組織構成

　海外プロジェクトの実行のための組織は、施主側コンサルおよび請負者側両方で立ち上げ、運営される。

　施主側コンサルは、施主から提示された業務内容に応じて入札が行われ、条件に合致したコンサルが雇用されることによって組織される。日本の会社や特定の組織がそのまま海外に出て行くのではなく、プロジェクト毎に複数のコンサル企業のJVあるいはコンサル企業本体と補強要員から構成され、その都度組織される。基幹要員に日本人が含まれるが、多国籍の専門家集団であり、サポートスタッフは原則現地雇用であり、一般の日本の会社組織とは異なる原理で構成・運営される。以下、具体的に述べる。

　請負者側プロジェクト実行組織は、受注企業あるいはJV企業の社員もしくは個人専門家で構成し、日本人だけではなく外国人も含まれる。入札仕様書で要求されたポジションの要員を配置し、それぞれの業務も明確に区分する。サポートスタッフも現地雇用となるので、上記のコンサルの組織を鏡に映した形となる。ただし、国内の組織は日本形のままであるので、業務遂行に当たって、

写真 3-1　ベトナム・ホーチミン都市鉄道 1 号線建設現場
（日本の ODA で清水建設と前田建設の JV による建設が進む地下区間（本文に述べる JV の課題とは関係ありません）、2017.02.18）

日本の本社や JV 構成企業との調整が必要となる。

3.1.1　日本形組織

　会社組織は部や課の組織を基本としている。社長を筆頭に役員、部長、課長のヒエラルキーはあるが、それらはそれぞれの組織の代表者であり、組織規程などで部や課の業務範囲が決められ、個々の構成員の業務も決められている。しかし、個々人は会社と、具体的業務内容ではなく、その会社で働くことで雇用契約を結んでいる。業務は所属する組織でその都度与えられ、他の組織への異動もある。したがって、業務を組織として集団で行うことが基本であり、組織の長である部長や課長からの指示はあるが、雇用契約における個々の責任は明確ではない。このような場合、仕事のできる人間に業務が集中し、それに頼る人間が出てくるので、一人当たりの生産性が低くなりがちである。成果を上げれば人事異動や賞与に反映されるが、それは所属組織への貢献と見なされる。
　組織横断的業務については、組織の利益を代弁することが成果となり、個々人が能力を発揮しても組織の枠をはみ出すことは評価されない傾向にあるので、それぞれの組織の利害調整に時間が取られ、意思決定が遅くなり、角を矯

めて牛を殺す結果ともなる。

　日本形組織は悪いことばかりではない。業務経験の浅い新人は、組織内の階段を上がることにより経験を積み、ベテランとなるので、かつてのように要員配置に余裕があれば人材育成に適した組織ともいえる。しかし、スリム化のため、補助業務は派遣社員に委ね、本体に余裕がなくなっている現在、人材育成方法を見直す時期にきている。

3.1.2　欧米形組織

　欧米の企業は、ポジション毎に業務明細書（Job Description）に基づいて個人と契約する雇用形態を採用している。個々人の役割や責任が明確であるとともに、横のつながりはなく、それぞれの職務分担に応じた共同作業はあるが、同じ作業を集団で行うことはない。それぞれの責任分野が明確であるので、担当者間の連絡も書面によるのが基本である。業務指示は上司からそれぞれの担当者に直接行われ、その結果も担当者から上司に報告され、最終的な判断は上司が行う。担当者同士で話し合って物事を決める場合でも最終的にはそれぞれの上司の判断を仰ぐ。執務室も個別に区切るのが普通であり、日本の会社のように大部屋に机を並べて執務することはまれである。一人当たりの生産性は高いが、いくつかの担当に跨がる業務は一々関連する上司を通すこととなるので、効率が悪くなる。しかし、職階が上位の人間に決定権があるので、日本的組織よりも意思決定は早くなる。このシステムでは、担当者が長期休暇をとるときは代務が入り、担当者の業務のチェックも行うので、不適切な業務の洗い出しもできる。

　最初から職務遂行に必要な能力を要求するので、大学卒業したての経験の浅い人間が就職するにはハードルが高い。最初はアシスタント的業務から初め、転職あるいは企業内での昇職を繰り返してキャリアーを積むことになる。それぞれが専門職なので、転勤もない。

　話は変わるが、働き方改革で時差出勤、残業抑制やサテライトオフィスを唱えても、集団作業を前提としている限り実効性は期待できない。欧米形にならって職務分担と権限を明確にすることは考えられないであろうか。このようにすれば、従業員の数も少なくなり、自ずと都心のオフィスに通勤する人数も少なくなる。さらに、年次有給休暇の取得率も上がるのではないだろうか。

3.1.3 海外プロジェクト遂行ためのコンサル組織

　海外プロジェクトの遂行のため、その都度施主とコンサルが契約する。契約のためコンサルが提案する組織は、図 3-1 の例に示すように、欧米形に準じた PM を筆頭とするピラミッド型組織となる。当然のことながら、組織の構成はそれぞれのプロジェクトにより異なる。

　PM はチーム全体を統括し、外部のステークホルダー（施主、施主代理人、JV 構成企業、他請負者、サブコン、公的機関等）との折衝および調整を行うとともに、工程、コスト、技術、品質および安全管理について各担当グループを主導する。

　契約管理グループは、プロジェクトチームの受信および発信文書、工程、コストおよびサブコンとの契約について管理する。それらに問題が生じれば、関連する品質管理グループ、技術グループ（SI が統括）、施工監理グループ等と共同して施主代理人あるいは関連するステークホルダーと協議し、契約に沿って解決に努める。

　品質管理（QA）グループは、プロジェクト組織構成および実行が ISO 9001 に沿って遂行されるようプロジェクトチームの品質管理組織、品質管理手順等を制定し、それらの監視と必要に応じて是正措置を講ずる。なお、ISO 9001 に要求される管理文書の指定および版管理も契約管理グループの文書管理担当と連携して行う。プロジェクトの完成検査等も設計や施工監理グループと独立して行う。

　SI の下に、契約パッケージに要求されている技術分野の専門家を配置する。自社あるいは JV で専門家が確保できない場合はサブコンあるいは外部専門家を配置する。プロジェクトの初期段階では、インターフェース担当は他請負者とのインターフェースによる設計条件を確定させる。

　施工段階では、施工監理グループとして、施工監理、検査試験の専門家を配置する。この中で、インターフェース担当は、他請負者と工事施工に必要な調整を行う。

　SI はこれら専門家を統括し、各技術分野間のインターフェースに目を配り、システム全体として入札仕様書の要求事項を満たし、工期遵守とコスト管理に資するよう各技術分野の設計・施工内容を調整する。

　安全衛生環境（HSE）グループはプロジェクトチームの安全衛生規則および

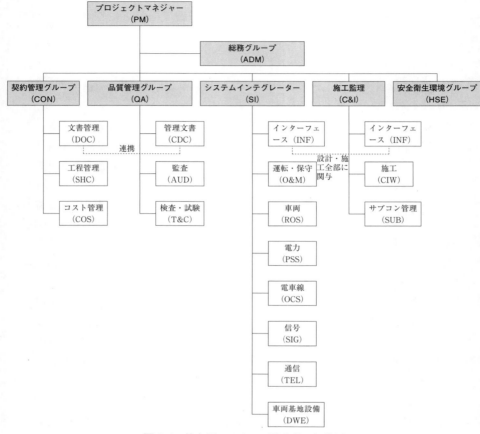

図 3-1 施主側コンサル／請負者の組織例

環境保全規則を制定し、その実行を監視し、必要な場合は作業の中止を指示し、是正措置を講ずる。環境保全および HIV 対策も含む。

　請負者側も施主側コンサルと同様の組織を作る。コンサルも請負者もプロジェクトのために組織されるので、組織構成、各マネジャーの権限、各グループの担当範囲、業務執行手順等を規定するため、プロジェクト管理計画を作成し、施主の同意を得る。

　新規の組織であり、マネジャーや担当の入れ替わりがあることを想定し、施主、コンサル、請負者間のコミュニケーションは文書（英語または契約に定めた言語）によることを基本とし、会議等の議事録も文書とする。膨大な文書を

管理するため、文書管理ソフトウェア・サーバーを導入し、文書管理担当が管理する。マネジャーや専門家も自身の関与した文書を共通の文書管理サーバーに保管する。このようにすることで、マネジャーや担当者が交代しても、円滑な引継ぎが可能となる。なお、品質管理にかかわる文書は ISO 9001 に定めるように管理文書として最新版を QA の下で管理する。

　プロジェクトが終了した後でも、事故やトラブル等の原因追及のために設計書等がチェックされることがある。チェック時点で、コンサルや請負者が解散している場合に備えて、第三国でのデータ保管を要求されることもある。重大事故や金銭に絡むものでは、記録を破棄しました、記憶にありませんといっても、捜査／調査当局が簡単に信じる訳ではないので、データ保管が重要となる。

　PM の下に配置されるマネジャーおよび個々の専門家の職務は業務明細書で規定される。ポジション毎に職務内容、必要な経歴や資格要件を示して、それを満たすマネジャーや専門家を施主の同意を得て配置する。専門家の資格要件はコンサル契約の一部となるので、交代の場合は、施主に前任者と同等な経歴、資格を有することを示さなければならない。一人一職であり、同じ職務を複数で分担することはなく、欧米流の相互独立形組織となっている。電気を一人で担当するか、電力、信号、通信と三つに分けてそれぞれに担当者を配置するかは、プロジェクトの規模と予算で決まる。それぞれの職務分担が明確に分かれているので、マネジャーが部下に職務分担を越えた日本式の業務指示はできない。また集団作業もない。コンサルの契約金額はポジションに対応する専門家の数に業務期間を掛けた MM（人・月）をベースとしているので、専門家の数を安易に増やすことはできない。如何に少ない人数で実行するかが課題となる。相互依存形組織をベースとする日本式組織を海外に持ち込もうとすると、ここが問題となる。一人当たりの能力が低いから数で勝負とはいかない。

　一般にプロジェクトは、基本設計、入札図書作成、入札、契約、設計・施工監理等各段階を経るので、着手から完成まで数年、長いものでは 10 年以上の期間を要する。プロジェクトによっては、コンサルを基本設計〜入札図書作成〜入札補助、設計・施工監理と段階別に雇用する。全期間を通じてコンサルを雇用する場合はゼネラルコンサルタント（GC）と呼ばれる。段階別あるいは GC を問わず、契約期間内に構成メンバーの交代がある。専門家個人の事情や、能力が低くて施主からの交代通告等、理由は様々である。あまり大きな組織とすると、交代要員の補充に難儀することとなる。すなわち、施主は交代の都度、

候補者の経歴や技術能力を記した職務経歴書（Curriculum Vitae、CV）が前任者と同等あるいはそれ以上を要求するので、その基準を満たす候補者を探すのが難しくなる。笑い話となるが、専門家 A の一時的交代で別の専門家 B を補充したら、前の専門家 A よりもレベルが高くなり、前の専門家 A を戻そうとしたら、B と同等以上を要求され、承認されないこともある。このように、員数合わせはできないので、なんとかなるだろうとの思い込みで大きな組織とすると、後でしっぺ返しをくらう。PM が組織構成員一人一人の顔と名前、性格、能力を把握できるのは 200 人程度といわれている。この限界を超えると組織管理、すなわちプロジェクト監理は格段に難しくなる。

　CV は、国内の履歴書では○○会社の△△部長を何年努めたという書き方よりも、具体的にどのプロジェクトでどのポジションで仕事をしたかを書かなければならない。部長職や課長職は何の意味も無く、実際に従事した仕事の実績が問われる。さらに、そこに記されたプロジェクトの概要も必要であり、雇う側はプロジェクトの規模や、本人がどのように貢献したかをチェックする。多くのプロジェクトを渡り歩く華麗な経歴であっても、プロジェクト従事期間が短ければ、本人が職責を全うしたのか、能力が足りなくて交代させられたかも関心事となる。

　もう一つの問題は、現地のプロジェクト事務所にどこまで権限を委譲するかである。何事も日本の本社で決めるような場合は、現地の状況変化に素早く対応することができず、現場を知らない管理部門が現地に報告を求め、現地の事情に合わない指示を出すなどの問題が起こりうる。現地の PM が一刻も早く決断したいと思っても、本社の意思決定が遅ければ、プロジェクトの進行に悪影響を及ぼす。組織のありかたについては、失敗の本質[1]などに学ぶべきではないだろうか。

3.2　コミュニケーション能力

　国語や英語が苦手だから理数系を選択したと嘆いても、コミュニケーション能力は、国内、海外にかかわらず、日常生活や仕事には欠かせない。大学、企業あるいは国内の狭い業界内の「仲間内」であれば、問題の背景や使用する方

---

[1] 失敗の本質 – 日本軍の組織論的研究、戸部良一他、中公文庫、1991 年

法論についての共通認識があるので、キーワードさえ間違えなければ、相互のコミュニケーションは成り立つ。しかし、一旦海外に出れば、あるいは異なる業界に移れば、同じ土俵で相撲をとることは難しい。問題の内容および背景、方法論のいずれをとっても、共通の認識に達するための説明や議論が必要となる。これを怠ると、最後まで議論がかみ合わず、双方が理解するに至らないこととなる。

海外プロジェクトでは、上記の言葉以前の問題がコミュニケーションを阻害していることに注目してほしい。英語ができないからコミュニケーションできないのではない。何をどのように話すべきかの訓練が欠けているので、英語はできてもコミュニケーションができないのである。日本語、英語にかかわらず、バックグラウンドの異なる人間とのコミュニケーションをどのように図るかの問題である。これがきちんとできなければ、いくら優秀な通訳を雇っても、時間と金の無駄使いとなる。また、英語に敬語や丁寧語がないと誤解して、日本語でも使わないストレートな表現や不適切な言葉使いをすると、教育程度や育ちを疑われることになる。特に複雑なもめ事を解決しようと思うならば、色々な言い回しで、相手の感情を傷つけない工夫が重要となる。これについては、多くの学習書が出ているので、それらを参考にしてほしい。

会議、文書作成いずれも話し手や書き手の能力、個性が顕わになる。海外で注意すべきことを以下に述べる。

3.2.1 英語は国際語

海外案件でのコミュニケーションは、仏語圏やスペイン語圏等を除いて、英語が基本である。入札仕様書もプロジェクトで飛び交かわされる文書は全て英語であるので、最低限、英語の読み書き能力が要求される。文書が読めず機械翻訳ソフトを駆使する強者もいるが、訳されたものが正しいかどうかの判断は難しい。プロジェクトによっては、TOEICなどの検定試験の成績証明を要求される。英語圏に一人で放り込んで、3か月生活させるというのも実戦能力養成の観点から必要かもしれない。

稀に、和文を外注で英語に訳すケースもあるが、訳された内容が意図したものであるのか、契約等に用いられる表現になっているかを自分自身で確認する必要がある。文書は契約の一部となるので、間違えると致命的な結果をもたらすこともある。例えば、技術的要求事項で「車体幅は3.0mとする」を「The width of car body will be 3.0m.」または「The width of car body is 3.0m.」と訳すと、契約上の拘束力が無くなり、参考事項と受け止められ、3.0mを超える車体幅のものを提案される可能性がある。ここでは「The width of car body shall be 3.0m or less.」と強い表現で、3.0mを1mmたりとも超えてはならないと書かなければならない。それでも心配ならば、「The maximum width of car body shall be more than 2,980mm and less than 3,000mm.」と最大、最少寸法を指定することとなる。日本の規程や規格の文章にある「しなければならない」や「とすること」などは「shall…」と書くべきである。契約書などの翻訳に不慣れな会社に外注すると、このような間違いが起きる可能性が大きい。少なくとも、入札図書は英文で読み、それぞれの業務の流れを把握するとともに、契約で何を要求し、また要求していないかを把握しなければならない。施主も、請負者も、コンサルも入札図書イコール契約書に基づいて仕事をする。契約にあることは間違いなく履行し、契約にないことは要求できないことを肝に銘ずるべきである。国内案件は、契約書がやや曖昧であり、長年の付き合いから施主は請負者に契約に明示されていない要求をすることがあるが、海外では御法度である。

　様々な国から技術者が集まって仕事をするので、会議や打ち合わせは、英語といっても、米国、英国、オーストラリア、インド、香港、シンガポール等のなまり丸出しで議論される。それぞれの発言を聞き取れるようになるまで、多少の時間がかかるかもしれないが、要は慣れることである。日本人も日本なまりは気にせず堂々と発言することが求められる。なまりがあっても、あるいは多少の文法ミスがあっても、発言内容そのものが評価される。論理的、技術的に正確なことが要求され、間違いがあればすぐに修正し、嘘をつかないことで、発言者の誠実さが認められる。知ったかぶり、不正確なことや嘘は、いずればれて信用を失う。しかし、交渉テクニックとして、全てをあからさまに話すことが得策ではない場合もあることに留意する必要がある。

　後で述べる組織と権限に係わることであるが、会議の出席者は一定の権限を付与されていると理解される。したがって、会議の中で自分の権限範囲内ならば、その場で決定し、権限を越えるものは、持ち帰り検討するとなる。しかし、日本人は往々にしてその場で決められず、本社に報告してから回答すると答えることが多い。これでは何のために来ているのか、本当に決める気があるのか疑問視される。少なくともプロジェクトに従事しているメンバーは、業務明細

書に記載されている権限は有しているはずなので、持ち帰り検討で時間を引き延ばすのではなく、必要な範囲での即断即決が求められる。

3.2.2 技術の説明能力

日本のODAといえども、第8章で述べるように、日本の省令やJIS規格のみで設計はできない。また、施主側も海外規格や技術情報に接しているので、日本と海外の技術の比較が常に求められる。日本の技術情報は、海外鉄道技術協力協会（JARTS）、日本鉄道システム輸出組合（JORSA）、日本鉄道技術協会（JREA）やJR各社から英文パンフレットも出ているが、いずれも包括的な説明であり、プロジェクトの初期段階での勉強には役立つが、施主側の望むような個々の技術の説明に使えるものは少ない。国内で多くの鉄道技術雑誌が刊行されているが、ほとんどが日本語であり、必要に応じて記事の一部を英訳することになるが、著作権や正確性の問題がついて回る。このような煩雑さを避けるためには、国際規格やヨーロッパ規格に準じた設計をするのも一つの方法ではあるが、日本特有の技術から乖離し、日本のODAとしての意義が薄くなるとともに、国際規格に知見のある日本人技術者を確保することが難しいとのジレンマに陥ることとなる。

3.2.3 文書作成

技術レポートや設計書などの文書作成についても課題が多い。大学や企業でそれなりの訓練を経てきたエンジニアーでも、英文はおろか和文でも何を訴えたいのか分からない文書が多い。極端な場合には、説明なしに、いきなり図や数値を示している。相手が何を望んでいるか、自分の立場は何かを考えて、文書作成の背景、前提条件、計算あるいは設計の根拠とした規格、方法論、得られた結果、要求への適合性、今後の検討課題、結論などを理路整然と記述しなければならない。

論理の進め方、前提条件、引用規格や文献の明示等にも問題が見受けられる。学生のレポートでも一発で不合格となるレベルといえる。英語に自信が無いから和文で文書を作成して外注で英訳するケースもある。しかし、和文と英文は基本的に構成が異なるので、それを考慮して主語と述語を明確にした短い文章で分かりやすく書くことが望ましい。和文で理解できない文章は英文に訳しようがない。無理に訳すと、さらに難解となり、翻訳者の解釈が入って原文の意

図とは異なるものとなり、全く逆の意味になることもある。少なくとも、和文でもいいので、論文の書き方は勉強したほうがよい。

　国内では、仕様書はあいまいであっても、長年の付き合いで請負者が蓄積した施主の技術データから設計できる場合もあり、施主と請負者が会議での議論を通じて詳細設計を行うことも珍しくない。しかも施主がシステム設計を行うようなケースでは、施主は請負者に対し技術的優位に立っている。請負者は施主の指示に従っていれば、何も考えずに済む場合も多い。

　海外のプロジェクトは、DBやEPC契約がほとんどであり、設計、施工については請負者が責任を負う。すなわち、請負者は、設計について、その根拠、設計プロセス、設計検証を含めて、施主に説明し、同意を求めなければならない。コンサルは、施主の代理人あるいはエンジニアーとして、施主と請負者の間に入るが、契約の性質上、コンサルが請負者に設計の内容を指示することはできない。請負者の提案書を審査し、疑問があればコメントあるいはクラリフィケーション（解明要求）・レターの形で照会する。請負者はそれらに対し、口頭ではなく、当該文書再提出あるいはレポートなどの文書で回答しなければならない。コメント、レターや回答文書等は契約の一部であり、後日問題が発生した場合の検証のためにも使われる。したがって、文書作成には慎重にならざるを得ず、文書としての品質も重要となる。

　DBやEPC契約では、経験のある請負者と契約するのが基本であり、請負者から提出される文書はそれなりの重みがある。いいかげんな文書を提出して、あとはコンサルがチェックするだろうというような気持では、請負者の品格と能力が疑われる。コンサルの立場からいえば、同じテーマの文書を何度も審査してコメントするほど辛いことはない。余程のことがない限り、初版でレビューを通過することはない。望ましいケースは、初版に対するコメントに沿って、あるいは双方の意見の調整を図って修正した第2版で完結することである。第2版を修正履歴が分かるようにして提出し、コンサルが確認した後、修正履歴等を消し、必要な改訂を行ったクリーンドキュメントを第3版として提出する。設計図書、試験計画、試験手順などはISO 9001で要求する管理文書と位置付けられるので、クリーンドキュメントが必要となる。

　文書はその都度全文をまとめて提出するのが基本であり、改訂部分のみを提出して済ますことはできない。管理文書として使用する際に複数の文章を参照しなければならないのは、間違いの基となるので、厳に戒められる。

文書作成に際し、文書の主題は何かを最初に確認する。入札仕様書の一部についての解明要求なのか、技術提案書の補足説明なのか、トラブル発生時の対応方針なのか、個々のケース毎に、要求されていることを確認することから始まる。主題に対し、どのような根拠と論理で結論に導くかが次の段階である。その際、根拠となるデータ、事例あるいは文献を収集する。必要に応じて、試験も行う。このような準備を経て、文書作成に入る。同時に契約上の問題がないか、他の文書との重複あるいは競合がないかも確認する。作成した文書について、スペルや文法はもとより、文書としての構成などをチェックして、文書を提出する運びとなる。スペルチェックも施主に合わせて英語、米語あるいはインド英語等のいずれかで統一することが望ましい。

文書作成で注意しなければならないのは、代名詞は極力避け、固有名詞あるいは一般名詞を使うことである。代名詞は誰あるいはどの組織を示すのかがあいまいになるので、間違いを防ぐ意味から固有名詞の使用が推奨される。また、三人称の代名詞ではジェンダーの問題も考慮しなければならない。

3.2.4 プレゼンテーション

プレゼンテーションは、何を訴えたいのか簡潔に示す必要がある。長い文章を示して、長々と説明すれば、余程興味を引く内容でなければ、退屈し、居眠りするか、何がいいたいのかと質問されることもある。パソコンのパワーポイントも進歩し、シート毎にいくつかの素材を入力すれば、最適と思われる画面を提案するようになっている。聴衆の興味を引くように、発表者自身の伝えたい課題、前提条件、検討プロセス、証拠あるいは他の事例、結論を分かりやすくまとめる。

紙を見ないで説明することが望ましいが、紙を見るにしても、聴衆を見ながら、大きな声で明瞭な発音で説明すれば、聴衆からの信頼は得られる。視線を下に向け紙を見ながら、ぼそぼそと話すのでは、こいつは頼りにならないと思われる。日本人が流ちょうな英語を話すことはあまり期待されていないので、日本技術の優れている点、何故これを推奨するのかの熱意を伝えるべきである。

そのテーマについて、十分な経験と知識知見があるからプレゼンテーションをするのであり、組織を代表しており、大抵のことは回答できることが期待されている。聴衆から好意的あるいは敵対的な多くの質問が出されることを想定し、事前にデータを収集し、自信を持って回答できるように準備すべきである。

回答に窮しても、不正確なことや嘘をいうのは禁物である。「分からない」、「調べて後日回答する」でもよい。ただし、「分からない」を連発すると、専門家としての資質を問われることになる。最もやってはいけないのは、質問に答えられず立ち往生することである。

3.3　人材育成

海外ではどのような人材が求められているのであろうか。ODAで日本の技術を導入する（売りつける）ので、日本の鉄道技術に詳しい人材ということになるであろう。しかし、プロジェクトによっては、日本だけではなく海外の技術から取捨選択して最適解を提案しなければならなくなることもある。例えば、貨物輸送の分野では、国内よりも海外に優れたものが多い。

鉄道のように大規模な建設プロジェクトでは、プロジェクト全体を統括し、契約、技術全般、工程およびコストを管理するPMを筆頭に、土木、軌道、電力等様々な技術を横断的にまとめるSI、個別の技術分野について運営や保守まで考慮して提案できる専門家が求められる。このような人材をどのようにして育成するかが課題である。

3.3.1　プロジェクトマネジャー（PM）

プロジェクト全般の監理を担うので、技術士の総合技術監理部門で要求されている知識が求められる。多くの場合は、いくつかの海外プロジェクトに従事して、実務を通じて知識を習得した経験者がPMとして活躍している。しかし、プロジェクトが増えてきたので、人材の養成が追いついていない。その対策として、コンサル経験者の中から総合技術監理部門の技術士資格を取らせ、裾野を広げることが考えられる。

さらにプロジェクト監理のためのISO 21500やPMBOKの知識を取得することが望ましい。

3.3.2　システムインテグレーター（SI）

PMに比べ、SIの不足はさらに深刻である。SIは、PMを補佐し、プロジェクト全体の技術監理を行う。そのため、技術仕様書のみならず、契約約款や契約一般事項（General Condition of Contract、GCC）および特約事項（Particular

Condition of Contract、PCC) についての知識も必要とされる。

　国内案件では、システム設計やシステム間のインターフェース調整を行う「システムインテグレーション」は施主である鉄道事業者や鉄道・運輸機構が行う発注形態であるので、施工業者やメーカーの技術陣には、システムインテグレーションの能力が育っていない。海外案件を受注して、請負者の責任としてシステムインテグレーションを行うことになっても、まごつくだけである。

　一方、国内の施主でも、システムインテグレーションに従事している人間は限られている。しかも、組織が軌道、変電、電車線、信号、通信、車両等に細分化され、それぞれの分野についての専門家は育つが、分野を越えて全体を見ることのできる人間は更に少なくなる。日本の組織の通例として、他の部門に口出しする人間は嫌われ、居場所が少なくなる。これは歴史が長く、大きな組織ほど顕著となる。その結果、私はこれしかできませんという人間が多くなり、SI として活躍できる人間が育ちにくい環境となっている。

　鉄道事業者 OB やコンサル経験者から、徐々に業務の幅を広げて養成することが望ましい。特に若手の専門家に、広く浅くでもよいからいくつかの分野を経験させて、経歴の幅を広げさせる必要がある。

3.3.3　技術法務もしくはスペックエンジニアー

　海外プロジェクトの要員配置で見落とされがちなのは、技術法務担当者またはスペックエンジニアーである。入札図書は多くの文書から構成されるので、それらの間に矛盾がないか、技術仕様書に安全や実現性について問題ないか、現地法令に適合しているか、異なる解釈の入る余地があるかをチェックする必要がある。英語の表現でいう Scrutinise（爪でひっかくようにして精査する）である。何度も述べているように、海外案件は契約書が全てであるので、問題があれば別途協議するという日本式の解決方法は適用されない。したがって、事前のきめ細かいチェックが重要であり、あいまいな表現は排除されなければならない。

　このチェックは、施主側だけではなく、応札者あるいは請負者側でも重要である。それこそ目を皿のようにしてチェックしなければならない。見落とせば、追加工事で莫大な経費を負担する可能性がある。その反面、施主に対するクレーム（追加費用請求）の種にもなる。

　技術法務担当者も経験が必要であり、促成で養成はできない。

3.3.4 日本人専門家

ODA案件が増えるとともに、発注側、受注側を問わず、コンサル人材が払底し、60代、70代さらには80代まで動員しているのが現状であるが、それでも日本人専門家の数は足りず、外国人も多く雇用せざるを得ない。英国、ドイツ、オランダ、オーストラリア、香港、台湾、シンガポール、フィリピンなど多くの国から来ている。問題は、それぞれの外国人専門家の資質をどのように見極めるかである。ODAの対象となる東南アジアや南アジアで雇用可能な外国人専門家の個々の能力を見極めることは難しい。上司が英語に堪能であり、専門家のアウトプットを正確に評価し、場合によっては交代をいい渡すことができなければ、専門家のやりたい放題となり、請負者に余分な資料を要求し、無理難題を持ち出し、工程を引き延ばす、すなわち自分の雇用期間延伸を図る輩も出てくる。このような事態を避けるため、業務明細書を具体的に記述し、期待成果を明示するとともに、PM等への定期的な報告義務も規定する。

外国人雇用のリスクを減らすためには、日本人専門家の養成が必要である。あるいは、日本に留学した外国人を雇用するのも一つの方法であろう。一定の実務経験を経たものに国際規格を学ばせるとともに、海外の鉄道情報誌を読ませ情報収集させて能力を磨かせる必要がある。

大きな会社出身の専門家あるいは出向者であると、元の会社の組織にとらわれ、この範囲しか仕事をしないと固執する場合もある。海外プロジェクトを担当するには、幅広い知識が必要であり、他の分野のことにも口出しをしなければならないことを理解してもらうとともに、少人数でプロジェクトを担当させて、能力開発を促進することが望ましい。いくら忙しいといっても、同じような分野の専門家を大量に投入することは、その集団内での依存を高め、集団間の対立につながるおそれがあるので、避けなければならない。

海外プロジェクトのコンサルは、少人数で多くのことを処理しなければならない。コンサル報酬は現地エンジニアーの10倍以上であり、相手側はなるべく少ない要員で仕事をするよう求めるからである。コンサルは、ある意味孤独であり、TVドラマの「ドクターX」のように一匹狼にならざるを得ない。このような生き方に共感できなければ、別の道を歩むことを勧める。

日本人専門家の養成に時間がかかることから、実際のプロジェクトに若手（50

代以下)[2]を手弁当で参画させ、経験を積んだ日本人や外国人専門家に付けて勉強させるともに、海外での実績（プロジェクトでのポジション）を積ませて、次は一本立ちさせ、SIあるいは契約担当さらにはPM候補にするといった長期戦略で人材を育てる必要がある。

3.4　事前教育

コンサルあるいは請負者の一員として海外に派遣する前の事前教育が重要である。

海外でのコンサル専業の会社であれば、入社してから数多くのプロジェクトを経験し、経験者からの教育もある。しかし、海外での勤務経験の無い社員を送り出すためには、それ相応の事前教育が重要である。

英語が必須であるので、最低限の英語教育は必要である。TOEIC等の受験の他、英語圏で数か月の生活を義務付けているケースもある。

重要なのは、契約ベースの業務の進め方、コンプライアンス、派遣先の国の歴史、政治体制・治安、習慣、施主の性格である。これが不十分であると、現地で無用な摩擦を引き起こすおそれがある。

1) 契約ベースの業務：少なくとも契約書（入札仕様書）を読み込む
2) コンプライアンス：グローバルコンプライアンス、現地の法令、最近の事例等
3) 派遣先の歴史：近隣国との関係を含めた歴史、国内の異民族の歴史等
4) 派遣先の政治体制および治安
5) 派遣先の習慣：宗教による禁忌、日常生活での制約等
6) 施主の性格：政治体制、中央あるいは地方政府における施主の位置付け、これまで問題となった事例等

3.5　JVの限界

人材確保についていえば、請負者側はもっと深刻である。個々の企業の事業範囲が狭く、一つの企業で車両、電力、信号などを供給できない。海外案件受

---

[2] 50代以下を若手としているのは、鉄道や産業での実務経験が要求されることと、日本の人口構成から50代は働き盛りで、コンサルタント業界の現状からは若手と見なされている。

注の度に、関連する企業を集めて JV で対応することになる。いずれの企業もシステムインテグレーションはおろか鉄道の運営や保守の経験がなく、企業間の調整にもエネルギーを費やすこととなるので、入札仕様書に要求されている文書の作成、設計等のパフォーマンスが高いとはいえない。請負者側のチーム編成においても、システム全般、契約全般を見ることのできる専門家のみならず個々の技術専門家の確保が難しく、施主との関係もプロジェクトの初期でつまずくことが多い。そのような事態を防ぐには、鉄道事業者の OB も積極的に活用し、必要な技術的助言を受けて、パフォーマンスを上げる必要がある。

レールを敷設する作業員

Column 3-1

☆ 技術専門家のCVを持ってきました
◇ ○○プロジェクト、××プロジェクトなどで設計を経験、ずいぶん華麗な経歴だね。ちょっと待って、ふーん、これはCV美人だね
☆ はぁ？
◇ どれもプロジェクト開始時期や途中で参加しているが、数か月から1年で次に移っているね。このポジションでは短すぎないか？ 本人の希望で移ったのかな
☆ そういえばそうですね
◇ これだけでは判断できないが、能力不足、対人関係の問題か
☆ 面談の時にどのような仕事をしたか詳しく聞いてみましょう

Column 3-2

☆ ○○君、現地の女性と結婚したんだって？ めでたいね
◇ ここの女性は強いので、結婚すると、門限を決められ、夕食を外でする場合は事前の許可がいるようです
☆ 門限に遅れたらどうなるの？
◇ 家に入れてくれないそうです。玄関前で寝るので犬以下だとこぼしてるようです
☆ 大変だね。ところで、客先の接待は決まったかね？
◇ ○月○日の昼食ではどうでしょうか。夕食には抵抗があるようなので
☆ 夕食だと奥さんも招待しなければならないし、そうなれば先方も子供達の面倒を見る人を探さなければならず、かえって負担をかけるかもしれないね

第4章 概略設計と基本設計

プロジェクトの案件形成から実行段階までいくつかの設計が行われる。

フィージビリティ調査（FS）で、案件形成のための基本計画を策定し、概略設計を行って、プロジェクトの骨子をまとめる。基本計画は、需要想定、輸送計画、路線計画、駅および車両基地の位置、線形計画、鉄道の方式、諸元、車両およびE&M[1]の基本事項をとりまとめる。

概略設計は、基本計画に沿って、路線（地下区間、高架区間、地平区間、トンネル、橋梁）を決定し、地質調査、交差支障箇所の調査、土木構造物の構造・仕様、電力会社から受電する変電所の位置、き電変電所の位置、駅および車両基地の位置並びに構造、軌道構造、動力方式、電化の場合は電化方式、信号システム、通信システム、車両性能および構造を決定する。これらを基に用地取得範囲を決定し、概算工事費見積もり、収支計画策定を行う。

FSの結果が日本国および相手国政府により承認されれば、第2章で述べたように必要な手続きを経て、プロジェクトがスタートする。

プロジェクトの実施主体（プロジェクトオーナー）が決定し、両国政府間で借款協定が締結されれば、プロジェクトオーナー（施主）は、基本設計（予備設計）および入札準備並びに補助を行うコンサルを雇用する。原則としてコンサルの雇用は競争入札により行われる。

基本設計は、概略設計をさらに具体化するもので、基本設計書を作成し、施主の承認が得られれば、それを基に入札図書の一部となる仕様書を作成する。それと平行して、コスト見積報告書を作成して、事業費（工事費）を見積もる。

ここでは、DBおよびEPC契約を基本に述べるが、FIDICのレッドブックを適用する場合は、コンサルが詳細設計までを行う。

以下に、概略設計および基本設計の要点を述べる。

---

[1] Electrical and Mechanicalの略。電力供給、信号、エレベーターや空調などの駅設備等の電気・機械設備をひとくくりでいう用語。

4.1 路線計画

　鉄道の路線を何処にどのように敷設するかについては、住宅地、商業地、学校、工場などの配置の現状および開発計画から将来の輸送需要が望めるように計画する。同時に用地（駅、線路および車両基地）の取得の容易さ、将来の駅前や沿線開発が見込めるかも考慮する。

　技術的には、地形および地質調査により通過可能なルートを絞り込み、トンネル、橋梁、こう配および曲線を想定し、交差あるいは近接する鉄道、道路、送電線、上下水道管などの構造物との関連を調査して、建設費が最小となるようルートを決定する。

　一般的な都市鉄道であれば、路線選定の制約条件は、最急こう配35‰、最小曲線半径300mとすることが望ましい。車両基地へのアクセスなど営業列車の通過しない線路は、用地の制約から最急50‰とせざるを得ないこともある。この場合は、車両のブレーキ性能を見極め、逸走防止手段を講ずる必要がある。曲線半径は速度に影響するので、大きくできればそれに越したことはない。

　もちろん35‰以上の急こう配や半径300m以下の急曲線の採用も可能であるが、車両構造、性能や輸送力に影響を及ぼす。鉄レールと鉄車輪のシステムでは、実用上80‰こう配、最小曲線半径30mなどの例があるが、車両の大きさに制約を受け、急曲線での車輪やレールの摩耗のリスクが高まり、こう配での運転速度も低くしなければならない。特に下り坂はブレーキ性能の制約が大きい。リニア地下鉄で急こう配が可能であるといっても、下り坂で最後に頼りになるのはレールと車輪の摩擦力だけであり、それで運転速度が決まり、一般の鉄道と変わることはない。

　コンクリート軌道とゴムタイヤであれば、こう配の制約は緩和されるが、ゴムタイヤの耐荷重によって、車両の最大乗車人員が制約される。日暮里舎人ライナーの

写真 4-1 箱根登山鉄道　国内最急の80‰こう配で湯本から強羅まで一気に上る
（大平台、2009.09.13）

ように沿線開発が進んで旅客が増えても、増結や車両の大型化で対応することは難しい。また、タイヤと路面の摩擦抵抗は、鉄レールと車輪に比べ大きくなるので、旅客一人当たりのエネルギー消費量が大きくなる。具体的な比較は次章5.3を参照されたい。将来の需要増が見込めるのであれば、鉄レールと鉄車輪システムで、こう

写真 4-2　広島アストラム　ゴムタイヤ式交通システム（新白島、2016.04.09）

配も曲線半径もほどほどに抑え、列車の増結余地を残すことが望ましい。

　路線選定は、想定輸送量に合わせた最適な鉄道システム選定ともいえよう。

4.1.1　線形計画

　基本設計はFSの精度を高め、輸送計画から路線、駅および車両基地の規模と位置が見積もられ、鉄道建設および営業のための用地が決まる。なお、用地の制約から駅および車両基地の位置も調整される。

　用地に合わせて、直線、曲線、こう配の組合せや分岐器の配置を考慮して平面線形および縦断線形を計画する。線形計画の要素として、こう配の変化点には縦曲線、直線と曲線の間には緩和曲線を設けることが重要であり、分岐器の大きさ（番数）に応じて分岐側の曲率半径が決まっているので注意が必要である。

　緩和曲線および分岐器の配置は平面線形に加え縦断線形を十分に考慮しなければならない。曲線には車両の遠心力を軽減するためのカントを設けるので、直線から曲線を結ぶための緩和曲線は、レールの三次元での変化を考慮しなければならない。緩和曲線の設計方法として三次放物線またはサイン半波長逓減曲線がある。後者は新幹線のような乗り心地要求の厳しい高速鉄道に採用されるが、計算も難しいので、請負者の設計・施工能力を考慮し、三次放物線を使うのが一般的である。また、走行安全・安定性および線路保守上の面から、こう配変化点に設けられる縦曲線は緩和曲線や分岐器と競合してはならないなどの制約があるので、注意すべきである。したがって、線形計画には専門的知識と経験が要求される。

4.1.2 配線計画

　線路を通すルートである路線および駅の設置場所が決まれば、どのような配線とするかが課題である。

　都市鉄道であれば、輸送量に対応して、異なる進行方向の列車をそれぞれ独立した線路で運行する複線が一般的である。非常時や保守時を考慮して、単線並列とすることもある。その場合には一つの線路に異なる方向に進行する列車が運行される。もちろん、衝突防止のために、一つの列車が進入すれば、反対方向の列車が進入できないようにすることが前提である。進行方向の異なる線路は、JR 等では主要駅を目指す方向を上り線、逆を下り線と称するが、このような呼称は世界的には少数派である。東京地下鉄は A 線、B 線、その他では南行、北行等の呼称があり、決まったルールはない。

　もっとも単純な複線の配線としては、その中間に複数の駅を配置する二つのターミナル駅間を 2 本の線路で結び、ターミナル駅に折返しのための分岐器（ポイント）を設ける。しかしこれでは、列車運行システムとして自由度が小さい。車両故障や事故があり故障車が動けない場合には、全線に渡って列車の運行ができなくなる。鉄道が道路と根本的に異なるのは、全ての列車が同じ線路を使用するため、故障車があってもそれを追い越すことはできず、後続車も全て影響を受けることである。したがって、中間の一つあるいは複数の駅に側線を設けて故障車を避難させなければならない。また、線路に異状があって運転不能となったときには途中で折り返すための設備が必要となる。このような鉄道固有の課題を解決するため、数キロメートル毎に 2 本の線路を結ぶ分岐器を設け、途中駅での折返し運転を可能にする。どの駅に分岐器、側線、折返し線等を設けるかは輸送需要を勘案して決定する。また、需要の少ない駅を通過して到達時間を短縮する快速運転を行う場合には、各駅停車の列車を追い越すための設備も必要となる。折返し線は輸送需要の駅間ごとの変動に対応した列車本数の調整にも使用される。したがって、線路配線は全体の列車運行計画に基づき決定される。

　ターミナル駅や中間駅での折返し方法には二つある。一つ目は、到着した列車が同じホームで折返す方法である。二つ目は、図 4-1 に示すように到着した列車は乗客降車後引上げ線に引上げ、向きを変えて出発ホームに移動する方法である。「後引上げ」という。前者は折返しのための時間が短く、使用列車本

図 4-1　後引上げの例

数を節約することができるが、同じホームで降車客と乗車客が混在し、乗車客が降車客を妨げることによって、折返し時間が延びることもある。インド・デリーメトロの例では、降車を待たずに乗車し、車両のドア付近で降車客と乗車客とがもみ合いとなり、列車の出発を遅らせる原因となっている。また、手前の駅から乗車して、下車せずに折返す乗客も出てくる。いわゆるキセル乗車である。後引上げでは、折返しのための時間がかかるとともに使用編成数が増えるが、降車客と乗車客を分離するので、乗客同士の摩擦や無賃乗車を防ぐことができる。後引上げの変形として、ループ線による折返しも路面電車や地下鉄の一部で行われている。ターミナル駅の設計には、乗客のマナーが日本と異なることを考慮しなければならない。

写真 4-3　ループ線で方向転換する路面電車
（ベルン市交通局アムグイザンプラッツ、2014.06.22）

中間駅のホームは列車進行方向別に分離する相対式と分離しない島式がある。パリの地下鉄は地表から浅い駅が多いこともあって、ホームを相対式とし乗客は改札を出なければ途中駅での折返しができないようにしている。相対式はエレベーター、エスカレーターおよび階段設備が島式の倍となる。地表から深い駅では垂直移動設備を節約する意味もあって島式が多い。

本線と車両基地間のアクセス線は、本線と車両基地との高低差がある場合はスロープを含む立体構造になる。アクセス線の本線から分岐する地点（分岐器の設置箇所）や高架構造物の位置などとの相対関係を十分に検討し、建設および維持管理のコストも勘案する必要がある。一方、本線と車両基地との高低差がない場合は基本的には立体構造にはならないが、分岐器や伸縮継目の設置箇所等はこう配などの線形や高架構造と同様に建設および維持管理のコストも勘案する必要がある。

支線の分岐あるいは他の線との接続駅は、それぞれの本線を平面交差とするか立体交差とするかが課題であり、一般的に立体交差が望ましいが、建設コストが高くなる。

駅の配線においては、営業列車用の側線や分岐器だけではなく、保守用車の留置線も考慮しなければならない。すなわち、線路や電車線の検査および修繕には自走式車両やトロッコ等が使用され、保守のための時間も限られているので、それらの保守用車の留置、点検あるいは折返しのための線を設ける。さらに保守用資材の保管場所も必要となる。

4.2　建築限界と車両限界

建築限界は鉄道施設設計条件の基本であり、用地幅や交差する構造物との離隔を決める。

車両限界と建築限界は、車両の断面積を大きくして旅客収容力を大きくしたい要求と土木構造物（トンネル断面積、高架橋の幅）を小さくしたい要求とのせめぎあいで決まる。各鉄道でバラバラなものを採用することは無駄が多く、直通運転もできなくなるので、標準的な車両限界と建築限界を採用する。車両限界の考え方は、日本で広く採用されている静止状態での車両各部の寸法を規定する方法と、車両の走行時に想定可能な上下動、左右動、ばねのたわみ等を考慮した動的許容限界すなわち力学的包絡線（Kinematic Envelop）を規定す

る方法がある。歴史的には、静止状態での規定であったが、既存の施設内で最大限の車両寸法を実現するため、後者がヨーロッパ等で採用されてきた。

4.2.1 車両限界

車両限界は直線線路上の静止状態で定義され、車体幅でいえば、JRの3,000mmと東京メトロや大手私鉄の2,800mmが一つの標準といえよう。

「本邦技術活用条件」すなわち、STEP（Special Terms for Economic Partnership）制度が設けられ、STEP案件の都市鉄道プロジェクトに対応したものとして、国土交通省が音頭を取り、日本の鉄道技術輸出のツールとして、2003年に都市鉄道の標準システムSTRASYA（STandard urban RAilway SYstem for Asia）を海外鉄道技術協力協会（JARTS）が中心となってとりまとめた。詳しくは第8章に述べるが、STRASYAに規定されている車両限界は図4-2に示すように旧国鉄の基礎限界である幅3,000mm、高さ4,100mm、パンタグラフ折畳高さ4,300mmとしている。さらにレール面上1,880～3,150mmの範囲は標識等が設置されることを考慮して車体幅3,200mmとしている。しかしながら、後に述べるように、建築限界はプラットホーム高さをレール面上920mmとしており、都市鉄道に一般的に採用されているプラットホーム高さ1,100mmとは矛盾する。

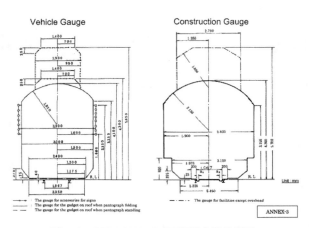

図4-2　STRASYAの車両限界と建築限界
出典：日本鉄道技術協会作成STRASYAから転載

4.2 建築限界と車両限界

国土交通省令第64条に対する解釈基準第4項は、旧国鉄の第二縮小限界[2]を採用し、基礎限界に対し、レール面上330〜1,160mmまでの部分を幅3,000mmではなく2,850mmとしている。これは明治以降車体幅を順次拡大してきた歴史から、プラットホームの改修が進んでいない状況に対応して、既存のプラットホームと車両との間隔50mm[3]を確保するためである。したがって、JRの在来線車両は車体の裾の部分の幅を2,850mm以下として、プラットホームとの間隔を確保している。美的見地からそのような設計としていると誤解している向きもあるが、実用上やむを得ない処置として、車体の裾を絞っている。裾絞りなしのストレートな形状の方が製造コストも安く、床面積も拡大できる。車両の高さは4,100mmであり、パンタグラフ折畳高さ4,300mmとしている。

歴史的経緯により各社の車両限界の細部は異なるが、東京メトロおよび直通運転を行う大手民鉄の車両限界は、日本鉄道車両工業会規格「標準車両」[4]によれば、幅2,800mm[5]、高さ4,080mm、パンタグラフ折畳高さ4,150mmとしている。

このようにどの車両限界を採用するかで大きな違いが出てくる。車両の収容力（最大乗車人員）をなるべく大きくするためには、車体幅を拡げ、側面を垂直とすることが理にかない、JR在来線の裾絞りの限界を新線から採用することには合理性がない。STRASYAの幅3,000mmは国内の標準から外れ、東京メトロ等の車体幅2,830mmも中古車購入を考慮すると魅力的である。国内のみならず海外にもJRあるいは大手民鉄で役目を終えた車両を購入して使用する中古車市場がある。ODAは新車調達が条件であり、将来自己資本で車両を調達しようとする場合には、中古車も選択肢となる。ジャカルタ近郊鉄道[6]がよい例である。車両メーカーの生産ラインの問題もあるし、将来中古車を買い

---

[2] 日本国有鉄道構造規程および解説（案）昭和34年10月1日改訂版、日本国有鉄道建設規程調査委員会、P.106およびP.107、第一縮小限界は電車運転をしない区間に適用され、プラットホームはレール面上330〜770mmについては軌道中心から1,390mm以上、車両の幅はレール面上355〜820mmは2,680mm、820〜1,160mmは2,850mm以下、高さは4,020mmとしている。第二縮小限界は電車運転をする区間に適用され、プラットホームはレール面上330〜1110mmは軌道中心から1,475mm以上、車両の幅はレール面上355〜1,160mmは2,850mm以下、高さ（パンタグラフ折畳）は4,250mmとしている。

[3] 日本国有鉄道構造規程および解説（案）P.108

[4] 日本鉄道車輌工業会規格 JRIS R1001、2008年7月

[5] 標識灯や雨樋の張り出しを考慮した最大幅は2,830mm

[6] ジャカルタ首都圏鉄道は、これまで日本の中古車を多数購入してきた。東京都交通局を筆頭に、東京メトロ、JR東日本、東急電鉄の車両が多数活躍している。しかし、新しい法律により、中古車の輸入は2019年限りとなっている。

たいという要求にも応えることができるような車両限界を提案することが望ましい。概略設計時から施主にどのような説明を行うかが重要であり、基本設計時に変更することは難しい。

パンタグラフ折畳高さはトンネルの大きさに関係するので、4,300mm ではなく、直流区間限定で 4,150mm[7] とすることが望ましい。車両の長さは長ければ長いほど車両の収容力が増えるが、車両メーカーの製造ライン、JR や地下鉄等の実績を考慮して 20m[8] とすることが望ましい。

4.2.2　建築限界

建築限界は車両限界に一定の幅を加えて規定する。建築限界は、車両限界に片側 400mm あるいは 200mm の空間を持たせたものである。車両の走行に伴い、振動、動揺および台車ばねのたわみ等により車両は車両限界の外に出る。過去の実測値と計算により、限界をはみ出す量を見積もり、それに余裕を加えて、車両限界と建築限界の隙間を東京メトロ等では 200mm とし、JR は手足を出すことも考慮して 400mm としている。相手国で決まったものがあればそれを採用するか、そうでなければ、日本の標準的なものを採用することが望ましい。インド貨物専用線プロジェクトでは、貨車の扉が外側に開くことを考慮して、車両限界幅に片側 800mm を加えている。

STRASYA の建築限界は上述のように旧国鉄の基礎限界を採用しており、JR 在来線の建築限界は、基本的に幅方向で車両限界に片側 400mm を加えて規定しており、STRASYA もそれに準じて、プラットホーム（レール面上 920mm）より下は片側 75mm の隙間を設けている。プラットホーム高さ 1,100mm には対応しておらず、プラットホーム部分のみ隙間を 50mm とする規定もない。

国土交通省令の解釈基準は、旧国鉄第二縮小限界と同じ、プラットホーム部分（レール面上 355〜1,110mm）は車両限界幅 2,850mm に片側 75mm を加え、プラットホーム部分のみ隙間を 50mm[9] とし、それ以上の高さは車両限界に 400mm を加えている。

---

[7]　直流 1,500V 区間は交流 25kV 区間よりも絶縁離隔を小さくできるので、4,300mm を 4,150mm としている。

[8]　連結器を含む。実際の車体の長さは 19.5m で、先頭車は運転台構造の制約から若干長くなる。

[9]　日本国有鉄道構造規程および解説（案）P.82 には「実験結果における最大値は 47mm であるから、（50mm は）余裕の少ないものと思わなければならない」との記述あり。

4.2 建築限界と車両限界

　東京メトロの建築限界は車両限界に片側200mmを加えたものであり、プラットホーム高さに対応してレール面上1,100mm以下は車両限界との隙間を50mm以上としている。このように建築限界を小さくすることによってトンネルの工事費も安くできる。

　いずれの建築限界を採用するか意見が分かれるが、都市鉄道では東京メトロ方式を推奨したい。車両の走行中の振動および動揺を考慮した動的許容限界[10]は個々の車両の仕様から計算されるが、一つの例としてパンタグラフ上面での左右移動量32mm[11]の値が採用されており、車体上部の左右移動量はそれ以下となるので、車両限界と建築限界の隙間200mmは十分に余裕がある。STRASYAや国土交通省令解釈基準では、窓から手や足を出すことを想定して400mmの隙間を設けているので、トンネルの多い都市鉄道では過剰設計となる。また、プラットホームスクリーンドア（PSD）を設置する場合には、隙間をなるべく小さくしたい。したがって、窓から手や足を出せないような窓構造を採用することによって、隙間を200mm[12]とすることができる。これでもセンサーの設置に支障が出るので、動的許容限界の概念によって、車両の動的許容限界を計算して、建築限界の外（車両に近い方）にセンサーやバリアーを設けている例もある[13]。

　欧州系コンサルの設計では動的許容限界を要求することもあるが、車両の仕様が確定した後でなければ計算できないので、計画時は日本流の車両限界と建築限界の考え方で設計を進めるのが効率的である。

　トンネルや地下駅のコストダウンのため、車両高さを小さくしたいとの要求もあるが、その場合には、第三軌条とするか、パンタグラフ折畳高さを4,000mm程度[14]とすることで対応する。それよりも低くすると、車体の構造に影響し、客室天井も低くなり、標準化の観点からは推奨できない。

　建築限界と車両限界の関係で注意しなければならないのは、曲線区間での補正式である。JRで用いている、補正量（mm）=22500/R、（Rは曲線半径（m））

---

[10] Dynamic Envelop、Dynamic Moving Dimension、Kinematic Envelopなどの用語が使われている。
[11] 日本国有鉄道構造規程および解説（案）P.20
[12] 国土交通省令第20条　解釈基準施設編（1）の規定による。
[13] ヨーロッパ式は概ねこの方法によっている。
[14] 車両の屋根高さを低くするか、折畳高さの低い特殊なパンタグラフを採用するが、屋根上の冷房装置等と電車線の離隔を150mm以上確保し、地上側に地絡検知を行って安全を確保する。JR中央線3,980mm、JR身延線3,960mmの例あり。

は車体長 17m（連結器中心間隔、以下同じ）の時代のものであり、車体長 20m では東京メトロで採用しているように 24000/R とすることが望ましい。22500/R では、20m 車は車体幅 2950mm とし、20m よりも長い先頭車の車端部をカットしなければならない。詳しくは専門書を参照されたい。

トンネル断面に影響するのはパンタグラフ折畳高さである。大阪地下鉄や東京メトロ銀座線のように第三軌条とすればトンネルの高さを低くできる。この場合は、円形断面のトンネルでは車両の肩の部分がクリティアルとなる。しかし、電圧を高くすることができないので、変電所が増える。電車線は直流 1500V、3000V あるいは交流 25kV[15] と高い電圧とすることができるが、第三軌条は 750V が一般的である。海外で 1500V の例もあるが、旅客および保守要員の安全確保に課題がある[16]。直流 1500V では加圧部との離隔を 250mm 以上としなければならない。国土交通省令の特例[17] として 150mm が認められているが、あくまで例外的措置である。交流 25kV では 300mm 以上であり、地下区間が多い場合にはトンネル断面が大きくなり、建設費が高くなる。インドのデリーメトロで 25kV を採用している例はあるが、日本では直流 1500V が一般的である。

第三軌条の場合には、車両最大高さと建築限界のクリアランスは、脱線した車両を復線するためにジャッキアップする高さとして、最小 250mm 以上を確保する。

電車線の場合には、パンタグラフ折畳高さあるいは車両最大高さと建築限界のクリアランスは 250mm 以上とる必要がある。

4.2.3 動的許容限界すなわち力学的包絡線（Kinematic Envelop）

上記 4.2.1 で述べた静止状態での車両限界に対し、レール上の車両の動的挙動を考慮して、建築限界と車両の関係を規定する考え方である。建築限界は車両限界に対し 200mm 以上の余裕をとることの基本データは、日本国有鉄道構造規程および解説（案）昭和 34 年 10 月 1 日改訂版に記載されているものの他

---

[15] 国際規格 IEC60850 Railway applications – Supply voltages of traction systems では 750V、1500V、3000V、15kV および 25kV が規定され、国内で使用されている 600V や 20kV は規定されていない。

[16] 車両故障時に避難誘導で軌道の歩行が想定され、車両基地等では保守要員の感電防止対策が必要となる。

[17] 国土交通省令第 41 条 2 解釈基準 10（3）の規定による。

には見当たらない。その後に製造された車両について、走行中の上下および横動量のデータは確認されていない。したがって、建築限界に対して何処まで余裕があるかは分からないのが実情である。このように書くと不安をあおるかもしれないが、元々がかなり余裕を持った値であったので、心配は無用である。

海外案件では、車輪の横方向の移動量、台車ばねのたわみ、車体と台車のストッパー位置などから車体の長さに対応した車両の上下、左右の最大移動量を計算し、動的許容限界を求めている。都市鉄道では建築限界との離隔が30mm以上確保できれば問題ないとしている。これに基づいて、プラットホームスクリーンドア（Platform Screen Door、PSD）のセンサー取り付け位置などを決めている。

動的許容限界の考え方を採用すれば、車体下部をホーム端になるべく近づけ、上部を絞る車体断面とすることが合理的である。しかし、この設計手法は日本での実績がないので、従来の静止状態での車両限界を採用するのが、無難であろう。

4.3　軌道中心間隔と施工基面幅

軌道の中心間隔は、建築限界幅に作業用スペースや電柱などの設置条件等を勘案して決める。高速走行の場合には、すれ違い時の風圧が大きくなるので、さらに広げる必要がある。

国土交通省令解釈基準では、160km/h以下で走行する区間について、直線区間は車両限界幅に600mmを加えたもの、車両の窓やドアから手足を出せない構造とした場合には400mmを加えたものを軌道中心間距離としている。作業員の退避がある場合には車両限界幅に700mmを加えたものとしている。したがって、車両限界幅3,000mmとすれば、軌道中心間隔はそれぞれ3,600、3,400および3,700mmとなる。もちろん曲線区間では上記の限界拡幅量とカントによる車両の傾き等を考慮して広げる必要がある。

軌道と軌道の間に電柱や信号機を建植する場合には、それらは建築限界内としなければならないので、建築限界幅に電柱等の寸法および余裕を加える。

規格によって分岐器寸法が決まるので、JIS規格による分岐器を採用する場合、両渡り分岐器で3.7m、片渡り分岐器で4.0mの軌道中心間隔が必要となる。仮に駅中間部で軌道中心間隔を3,400mmとしても、分岐器では3,700あるい

は4,000mmとするので、分岐器の前後に曲線を挿入することになる。EN規格採用の場合には、分岐器の寸法が異なるので注意が必要である。レールと分岐器は同じ規格を採用すべきであり、異なるものを採用すると特注品となって、コスト増となり、将来の保守にも課題を残す。

施工基面幅は、国土交通省令解釈基準では、保守および乗務員の点検作業等のため、建築限界幅よりも0.6m広くするとしている。

4.4　ホームの配置

駅のプラットホーム（以下「ホーム」という）の配置は大きく分けて、櫛形、相対式、島式の3つがある。

櫛形はターミナル駅に採用され、行き止まり式の線路の端から全ての線路に設けたホームにアクセスできるようにしている。阪急梅田駅、JR東日本上野駅の地上ホームなどの例がある。海外の大都市のターミナル、終着駅にはこのタイプのものが多く、ローマのテルミニ駅のように29番線まであるのは壮観といえる。しかし、十数両の長い編成で、乗るべき客車を探しながら、重い荷物を引きずって歩くのは一苦労である。

相対式は、2本の線路に別々にホームを設け、いずれかのホームあるいは両方に出入口を設け、ホームとホームは踏切、跨線橋や地下通路で連絡する。ホームの両方に出入口を設けて、連絡通路を設けない例もある。

写真4-4　櫛形プラットホーム（パリ・リヨン駅、2012.09.15）

島式は2本の線路の間にホームを設け、駅の出入口となる駅本屋とは踏切、跨線橋や地下通路で連絡する。

身体障害者、高齢者、乳幼児連れ旅客等の移動障害者のための垂直移動設備（スロープ、エレベーター、エスカレーター）は、島式では最小限1組で済むが、相対式では2組以上となる。そのため、地下深くに建設される駅の多くは島式となっている。ロンドンのチューブはその典型といえる。島式の場合には、異なる方向の列車の乗降客が同じホームで交錯するので、ホーム幅を確保するとともに誤乗防止対策も必要となる。

島式のターミナル駅の場合、引上線がいらないので、その分建設コストが安くなる。しかし、乗降客が同じホームで交錯し、途中駅から乗車してそのまま居座る旅客もいるので、旅客案内に工夫が必要となる。さらに、折り返し駅で、分岐器がホーム端から離れている場合には、出発列車が分岐器を抜けるまで到着列車が駅に入ることができない（交差支障という）ので、列車と列車の運転間隔を小さくすることができない。

東京メトロ銀座線、ブダペストやパリの地下鉄のように地表近くに建設された地下鉄は、開削量を少なくするため、地上から直接ホーム階にアクセスできる相対式が多く採用され、地上から階段を降りて直ぐに改札口そしてホームに着く。相対式の長所として、ホーム毎に列車の行き先（方向）が固定されるので、旅客案内が容易となり、乗り間違いを防ぐことができる。しかし、乗り過ごしたときには、ホーム間の移動が必要となり、一部の鉄道では、不正乗車防

写真4-5　垂直移動設備（ベルリン中央駅、2012.09.19）

止のため、一旦改札を出なければならないようにしている。

　ターミナル駅を相対式として引上線を設け、乗降分離を図れば、途中駅から始発駅まで戻って座席を確保したり、1枚の切符で同じ線内を往復したりする不正乗車を防ぐこともできる。また、交差支障を解消できるので、運転間隔を小さくすることができる。その反面、島式で折り返すのに比べ、引上線で待機する分列車本数が多くなる。

写真 4-6　東京メトロ銀座線稲荷町駅
(地表近くに建設され、ホームと同じレベルの改札口、2015.01.24)

　建設計画においては、コストの他に旅客の流動や案内のしやすさ、不正乗車防止も考慮する必要がある。

4.5　進　行　方　向

　プラットホームで列車を待つとき、国内は、複線区間であれば、右から列車が近づいてくることが当たり前となっている。日本の安全文化を示す典型的な例といえる鉄道係員の「右よし、左よし」と指を指して声を出す動作も、列車の左側通行を前提としている。日本で生まれてからずっと左側通行に慣れているため、海外で無意識のうちに右側を注視していると後ろから列車が近づいて、びっくりした経験は無いだろうか。

　国によって、列車の進行方向が左側、右側と異なる。さらに複雑なのは同じ国でも左側と右側が混在している。なぜこのようなことが起きるのだろうか。

　人や動物だけならば、相手を避けるためにどちら側に寄っても問題は無かった。しかし、馬車や荷車の交通量が増えてくると、互いにどちら側に避けるかが問題になり、英国が左側、大陸が右側通行という慣行が定着したといわれている。鉄道発祥の地、英国で鉄道は道路に倣って左側通行で建設された。その後、ヨーロッパ大陸の諸国で鉄道を建設するようになり、当時の鉄道先進国であった英国人技術者が設計と建設を担当したため、フランス、イタリア、スイス、スペイン等の幹線鉄道は道路交通に関わりなく英国に合わせた左側通行と

した。しかし、比較的遅く鉄道建設を開始したドイツは右側通行とした。日本は、古来より左側通行[18]が確立していた。

　一方、道路を走行する鉄道馬車や路面電車は、それぞれの国の道路交通に合わせて左側あるいは右側である。地下鉄は路面電車と同じ考え方で建設され、パリ、ローマ、ブリュッセルなどの都市の地下鉄は右側通行となっている。しかし、幹線鉄道から乗り入れる一部の地下鉄は左側通行としているので、話はややこしくなる。パリの例では、メトロと呼ばれる地下鉄（高架区間を含む）は右側通行だが、RERと呼ばれる高速地下鉄はフランス国鉄と相互直通運転を行うため、左側通行としている。

　スウェーデンは道路交通を左側から右側に変えたので、ストックホルムの路面電車ノッケビー線（Nokebybanan、Nockeby、Alvik間5.6km）は、左側通行の地下鉄と接続する地下区間は左側通行で、地上の路面区間に入ると分岐器で左右を変えている。

　フランスとドイツで何回も帰属の変わったロレーヌとアルザス地方は、ドイツ領時代に右側通行で建設されたので、パリ発の列車は左側通行で走行し、アルザスに入ると立体交差で右側通行となり、さらにバーゼルでスイスに入るときに分岐器を渡って左側通行となる。ヨーロッパの国際列車の多くは国境で機関車を交換するので、通行方向は問題とはなっていなかった。しかし、TGVやICEのような固定編成の列車は、そのまま乗入れるので、運転台を中央に配置して、左右いずれの通行にも対応するようにしている。

　発展途上国における都市鉄道プロジェクトでは、道路交通に合わせるのが原則となっている。日本の資金と技術で建設したソウル地下鉄も初期のものは左側通行であったが、その後右側通行に改修されている。列車の進む方向が道路交通と異なると、勘違いで事故を招く可能性がある。

4.6　動力方式

　列車の牽引動力として、家畜や人力が用いられた時代もあるが、現在は内燃動力と電気動力に大別される。

---

[18]　一説には、武士の腰に差した刀が触れないように左側となった。

4.6.1　内燃動力

　ディーゼル機関を車両に搭載して動力を得ている。変電所や電車線などの固定設備が不要であるので、貨物鉄道や地方交通に採用されている。

　米国は貨物輸送用に6000Hp（4470kW）クラスの大出力ディーゼル機関車による1万トン以上の重量列車牽引を行っている。軸重が36トンと高く、ディーゼル機関で発電機を駆動し、その電力で電動機を駆動している。現在は三相交流電動機を使用し、レールと車輪の摩擦係数すなわち粘着係数0.4を実現している。資源輸出国であるオーストラリアやブラジル等も重量貨物列車はディーゼル牽引である。ヨーロッパ、中国やインドも電気式ディーゼル機関車を使用し、3000乃至6000トンの貨物列車を牽引している。しかしながら、日本は国内の貨物輸送市場が小さいこともあり、この分野では立ち後れており、国際的な競争力は無い。

　旅客輸送用の気動車に関しては、輸送量の大きい幹線はほとんど電化されており、北海道や一部の線区を除き地方交通に対応するもののみとなっている。

　かつては、国内のディーゼル機関の出力が150乃至180Hp（134kW）と低く、車両の軽量化要求も強く、ディーゼル機関とトルクコンバーターの組み合わせによる気動車が主流であった。それでも山岳線区では、25‰上りで20km/h台の速度となり、自動車との競争に勝てなかった。1970年代後半から大出力機関の開発が始まったものの、市場規模の小さい鉄道専用機関の開発には限界があり、1990年代から建設機械や船舶用機関採用に踏み切り、300～400Hp（223～298kW）機関（車両によっては400Hp2台）が搭載されるようになり、自動車と互角に競争できるようになった。

　トルクコンバーターの製造コストおよび保守コストが高いこともあり、省エネルギーのため蓄電池併用のハイブリッド駆動システムが開発され、電気機器の小型軽量化、蓄電技術の進歩により選択の幅が拡がり、電車と気動車の境界はなくなっている。燃料電池の採用も視野に入りつつある。

写真4-7　JR東日本キハE200系　ハイブリッド気動車（小淵沢、2015.04.06）

国際的にも、トルクコンバーターは少数派となり、電気式が主流となっている。

現在は、車輪を駆動するシステムはインバーター制御の誘導電動機あるいは同期電動機が共通のプラットホームになる。その電源は電車線からの直流1500V、交流25kV、第三軌条からの直流750V、ディーゼル発電機、蓄電池あるいはそれらの組み合わせと多様な選択肢がある。路線の条件に合わせて、最適なものを選定できる。JR東日本烏山線用 EV301 系、JR 九州筑豊線用 819 系、JR 東日本男鹿線 EV801 系は電化区間では電車線から集電し、非電化区間は蓄電池で走行する。JR 東日本が今後計画している気動車は電気式であり走行装置は電車と共通になる。

写真 4-8　JR 東日本 EV301 系　宇都宮〜宝積寺の電化区間はパンタグラフで集電し、非電化区間は蓄電池で走行する。(烏山駅、2015.03.31)

4.6.2　電気動力

高速鉄道は、大きな電力を集電するため、交流 25kV が標準となっている。一方、日本の都市鉄道では直流 1500V 電化が主流となっている。歴史的には、輸送力の増強のため、直流 600V を 1500V に変更し、地下鉄と近郊鉄道の相互直通運転のため、地下区間も直流 1500V で建設した結果である。

STRASYA が、ホーチミンやジャカルタの都市鉄道案件に採用された。ここでは直流 1500V の架線集電が規定されていた。しかし、地下区間の長い路線では、工事費を安くするためトンネル断面を小さくできる第三軌条が選定された。デリーメトロ[19]ではトンネル区間が比較的短いこともあり、交流 25kV が採用された。このように多くの例から、直流 1500V が必ずしも一般的とはいえない。

新規の鉄道プロジェクトであれば、先入観にとらわれずに多くの選択肢から、最適なものを選ぶことができ、場合によっては非電化区間との直通運転も考えられる。

---

[19] デリーメトロは 2002 年開業であり STRASYA の前に設計・建設されている。

4.7 運転システム

4.7.1 ドライバーレス

列車乗務員として運転士と車掌がペアであったが、合理化のため、運転士のみのワンマン運転が広く採用されている。乗降客の多い都市鉄道ではPSDやATP/ATO（自動列車保護／自動運転）システムにより安全を確保するとともに運転士の負担を軽減している。しかし、運転士はその養成にコストと時間がかかる。

国土交通省の動力車操縦者免許に係わる省令では、国土交通省認定の教習所で座学400時間、ハンドル訓練（運転実習）400時間を経て、試験を実施して運転免許を取得するよう規定している。

海外でこれに相当する法令があれば、それに従った教育訓練並びに試験を実施する必要がある。現地に運転士養成の機関や仕組が整備されていれば、それを使うことができる。しかし、何もなければ、国内の教習所を使うかあるいは現地に新たに設置する必要がある。

教育・訓練に必要なテキスト、カットモデルなどの実習教材整備に合わせ、英語または現地語で教育できる専門家が必要となる。座学は通訳を介しても何とかできるが、ハンドル訓練にはコミュニケーションが重要となる。教材の準

写真4-9　ローザンヌ地下鉄　無人運転採用で高頻度運転（2009.07.12）

備と教官確保に多くの課題がある。さらに、英語に堪能な要員を採用できるか、プロジェクト全体工程でハンドル訓練の期間をどのように確保するかも課題である。

運転士の養成に係わる課題を回避するためには運転士なしの自動運転（DTO）あるいは無人運転（UTO）システム採用がある。国内では新交通システム、海外では地下鉄や高架鉄道での例がある。このような無人運転の安全を担保するため、IEC 62267 AUGT 列車自動運転の安全性要件および JIS

表4-1 列車運行形態の分類

列車運転の基本機能		有視界運転 TOS GOA0	非自動運転 NTO GOA1	半自動運転 STO GOA2	運転士無自動運転 DTO GOA3	無人運転 UTO GOA4
列車の安全な移動の保証	安全なルートの保証	X（システム内の分岐器指令／制御）	S	S	S	S
	安全な列車間隔の保証	X	S	S	S	S
	安全な速度の保証	X	X（システムによる部分的監視）	S	S	S
運転操作	力行およびブレーキ制御	X	X	S	S	S
軌道の監視	障害物との衝突防止	X	X	X	S	S
	旅客との衝突防止	X	X	X	S	S
旅客乗降の監視	扉の開閉制御	X	X	X	X または S	S
	車両間または車両とプラットホーム間の旅客傷害防止	X	X	X	X または S	S
	安全な起動条件の保証	X	X	X	X または S	S
列車の運転	列車の運転開始および終了	X	X	X	X	S
	列車状態の監視	X	X	X	X	S
非常事態の検知および管理	列車診断、火災・煙検知および脱線、非常時の取扱	X	X	X	X	S もしくは OCC の係員

注1　X は運転係員の責任（技術的システムで対応可能）、S は技術的システムで対応
注2　OCC は列車運行管理センター（Operation Control Centre）の略

E3802 自動運転都市内軌道旅客輸送システムなどの規格が制定されている。

IEC 62267 は、列車運行形態を表 4-1 のように分類している。

TOS、NTO および STO は乗務員（運転士）が乗務し、列車の運転を行うが、DTO は運転士の操作は全て自動とし、旅客の安全確認、異常時の避難誘導を行う乗務員（アテンダント）を乗務させる。日本の基準は国土交通省の告示[20]で「自動運転装置は、線路の条件に応じ、円滑な列車の運転を行うことができるものであること」と規定されているのみで、具体的内容は明記されていない。したがって、海外プロジェクトで無人運転を検討する場合は、IEC 62267 が基本となるであろう。

DTO 実現のためには、ATP/ATO、PSD の他に、プラットホームや車内監視カメラ設置、画像の OCC へのリアルタイム伝送などが必要となり、技術的には設置可能である。しかし、実証済システム採用が前提となる海外プロジェクトでは、国内での実績の少ないことがネックとなる。

4.7.2 運転時隔

都市鉄道の列車運行間隔、すなわち運転時隔は短ければ短いほど、限られた設備を有効活用できる。運転時隔は信号設備（自動列車防護システム）の性能と駅の分岐器の配置等により決まる。

ヨーロッパ勢は、ヨーロッパ式の信号システムでは 1 分 30 秒での運転が可能と宣伝する。しかし、折返し駅や中間駅での停車時間が長くなると、運転時隔は長くなる。かつて中央線は 2 分間隔、すなわち 1 時間片道 30 本での運転を計画していた。しかし、実際は、中間駅での遅れが常態化し、1 時間 28 乃至 29 本となることが多かった。現在の東京メトロの銀座線はピーク時間 29 本で計画している。PSD 採用で停車時間が長くなること、その他の線区の実態を勘案すると実用的には、1 時間 24 本、2 分 30 秒間隔が妥当な水準と考えられる。設備的には 1 分 30 秒を可能としても、ダイヤが乱れたときの回復余力に充てられる。

---

[20] 特殊鉄道に関する技術上の基準を定める告示（2001 年 12 月 25 日）

> *Column 4-1*
>
> ☆ 無線を使った列車制御システムは使えないの？
> ◇ 日本での実績がありません
> ☆ 何をいってる。欧米で実績があるではないか。日本のメーカーが出来ないというのならヨーロッパから買うことも考えてほしい
> ◇ 私もやったことがないから設計できません
> ☆ お前はコンサル失格だ！
> ということにならないように。

4.8　防災計画

　地震や台風などの自然災害、並びにトンネル火災などについて、日本は多くの経験を有し、それら対策について他の国よりも優れたものを確立している。しかし、海外においては、地震の発生頻度も少なく、台風などの災害も少ないところが多い。そこで、日本の地震検知システムや自然災害対策を説明しても、なかなか理解されない。現地においてどのような自然災害が問題となるかを確かめる必要がある。なお、自然災害発生時の対応、火災発生防止および発生後の延焼防止や旅客の避難誘導の技術基準ならびに方法・手順は、入札図書の一部として防災方針[21]に明記する必要がある。火災については、米国のNFPA（National Fire Protection Association）制定の規格とするか、日本の国土交通省令および建築基準法による基準を採用するかが問題である。NFPAは階段や通路幅を日本のものよりも広くすることを要求しており、駅のコンコース内に売店等の発火あるいは延焼のリスクのある設備の設置を禁じている。NFPAは火災保険を掛ける際に優位となる。これらの詳細については、それぞれの規定をご覧頂きたい。ここでは、鉄道システムや運転計画策定に関連するものについて述べる。

---

[21]　第5章で述べるGSの附属資料として添付する。

4.8.1 自然災害

自然災害として地震、強風、豪雨、洪水や積雪が、さらに火災や破壊活動が想定されるので、それらに対応するため、防災計画（Disaster Prevention Plan）を作成する。この防災計画に沿って、通信と土木との分担範囲、風速計、水位計の設置個所を決める。さらに、火災報知機および煙感知器については、建築との分担範囲を整理する。

地震に対しては、土木および建築など契約パッケージの中に耐震基準を規定して、それにより設備が設計・施工される。しかし、地震計の設置、地震発生の際の情報伝達および運転取り扱いについては、土木・建築パッケージの入札図書には記述されないことがあるので、防災計画または運転計画で取り扱うことが重要である。

強風に関しては、土木、建築および電車線などの設計にも係わるので、沿線の風速データ、強風の発生する個所についての事前調査が欠かせない。事前調査結果に基づいて、風速計の設置場所を特定し、入札図書の中に明記するか、請負者に再調査を行わせて、確認を取る必要がある。運転計画上は、風速による運転規制を明示する必要がある。

洪水は、土木、建築、排水設備および変電所の設計に影響する。事前調査による洪水レベルを、30年あるいは100年間の最大値で推計する。変電所や信号通信機器室の高さやケーブルルートは、洪水レベルを考慮して決めなければならない。一旦水につかれば、その復旧に多くの時間と費用が必要となる。

東南アジアのプロジェクトでは積雪を考慮する必要はないであろう。

運転計画上は、雨量計あるいは洪水計設置個所の特定、洪水レベルによる運転規制を明示する必要がある。

地震計、風速計、雨量計などの機器と列車運行管理センター（Operation Control Centre、OCC）あるいは最寄り駅などへの情報伝送は、情報伝送設備を担当する通信パッケージに含まれることが多い。

4.8.2 火災

火災防止および火災発生時の延焼防止、旅客等の避難誘導に係わる技術基準および方法・手順は上記のように防災計画に記すことになる。火災について、それぞれの国の消防に相当する法令があるので、それらに適合しなければならない。

車両や駅設備に使用する材料は、使用目的に応じて不燃性または難燃性が要求される。国内では、国土交通省令に規定する方法で燃焼試験を認証機関で実施して、難燃性試験の成績書を取得する。この他に国際規格やヨーロッパ規格等があるので、いずれを適用するかは事前に確認する必要がある。

入札図書作成時に、火災発生時の運転取り扱いとともに必要な設備、備品の調達区分について確認する必要がある。土木・建築や車両の契約パッケージの作業範囲（Scope of Works）に設備は網羅されるが、備品（消火器、ハンドマイク、非常用懐中電灯、酸素ボンベ、マスクなど）は除外されることが多く、開業直前に慌てることのないように、誰が調達し、何処に備品を準備し、保管・維持するかを施主に確認しなければならない。特に、鉄道事業の運営・保守主体が決まっていない場合には、備品まで目が届かないことが多く、予備費での支弁も考慮する。

4.8.3 防災管理室

線区全体の管理は OCC で一元的に行うのが一般的であるが、火災やテロなどは発生箇所に近いところで即応するのが望ましいので、地下駅に防災管理室を設ける。火災報知器の他、CCTV カメラ、インターコムからの情報を集め、必要に応じて警察や消防に通報する。

4.8.4 避難経路

車両故障時などに列車からの避難経路として、前方避難と側方避難の二つが考えられる。箱形トンネルの地下鉄のように車両と構造物との間隔に余裕のない場合には、前方避難が採用され、車両の運転台にも避難用通路として使用する貫通路を設けている。しかし、前方避難の場合には、軌道内を旅客が通行するので、歩行に支障のないようにする必要がある。バラスト軌道、消音バラストを散布した AVT 軌道あるいはスラブ軌道では、なんとか歩行できるものの、ハイヒールや車椅子での通行は難しい。また、その他の軌道構造では軌道上に歩行用通路を設ける必要がある。いずれにしても、軌道上に歩行用通路を設けることは、コスト増と合わせ、軌道の保守作業に影響に与える。

無人運転の地下鉄などでは、旅客の避難誘導を行う乗務員がおらず、駅などから誘導のための係員を派遣することになるので、車両の側扉から線路脇の通路に出る、側方避難が採用される。この場合は、トンネル区間や高架区間に避

難通路用スペースを確保しなければならない。

軌道と周囲の土木構造物との関係を考慮して、前方あるいは側方避難が選定される。例えば、円形断面のシールドトンネルは側壁中央にスペースを取ることができ、高架区間では桁上部を歩行用スペースとして使えるので、側方避難が採用される。デリーメトロの例では、桁上部に歩行用に80cm以上の幅を確保し、桁外側に手すりを設けている。

いずれを採用するかによって、土木構造物、軌道および車両の構造が異なる。

4.8.5　停電対策

列車運行とそれに係わる信号、通信機器の電源は、受電変電所からき電変電所経由で専用電源を供給しなければならない。それでも電力会社からの電源が断たれたり、変電所が故障したりと電源がダウンすることは十分想定できるので、信号、通信などの電源に無停電電源装置（UPS）を設け、一定時間バックアップできるようにする。

駅設備の電源も専用電源とすることが望ましいが、コスト面から商用電源を駅毎に個別に受電する場合には、電源喪失対策として、出改札システム（Automatic Fare Collection、AFC）、非常用照明および放送装置はUPSでバックアップするとともに、地下駅では非常用発電機を設置し、換気装置や排水装置への給電を可能とする。

停電時の対策は、防災計画に抜けの無いように規定する必要がある。特に、UPSバックアップ時間は、サブシステム間で整合性をとらなければならない。

4.9　テロとバンダリズム対策

日本ではあまり関心を持たれないが、都市鉄道は、常にテロとバンダリズムのリスクに向き合っている。基本設計の段階から、それへの対応を考える必要がある。

4.9.1　駅設備

駅の構造および設備について、日本では行きすぎと思われるが、現地の治安状況に応じて次の点を考慮する。

1) 列車運行、防災および現金取り扱いに係わる部屋は外部から容易に侵入

できない構造とし、CCTV（Closed Circuit Television）カメラの監視下に置くとともに、通路および出入口も独立したものとする
2）駅に設置する券売機や改札機はCCTVカメラの監視下に置くとともに、警報装置の設置、ハンマーや工具等による攻撃に一定以上の時間（警備員等が駆けつけるまで）耐えるようにする
3）必要に応じ、金属探知機およびX線検査装置を改札口および荷物預り所の手前に設置する
4）CCTVで駅構内を監視するとともに、ベンチや案内表示は落書きや破壊行為に耐える構造とする

4.9.2 車両

乗客が悪意を持って機器や備品を取り外すことができないよう、つかみ棒、吊手、機器点検ふたなどは特殊工具でなければ外せないボルトで固定し、照明器具もカバー付きとして、灯具の破損を防ぐとともに、一般乗客が灯具を外すことができないようにする。座席はクッション入りのモケットの代わりにステンレスあるいはFRPの椅子を採用する。爆発物などを仕掛けることのないように荷棚を設けなかったり、椅子の暖房器スペースを無くすといった対策を講じる。

メッキ部品や銅製品は真っ先に盗難の対象となることもあり、わざわざペンキ塗りとしている例もある。盗難は営業運転中だけではなく、車両基地に留置しているときでも起きる。

テロや不審者対策のため、貫通路は広く、見通しのよいことが好まれるが、火災対策からは、各車両を扉で区切り、網入りガラスにより火炎が隣接する車両に入らないようにする必要がある。韓国の大邱（テグ）地下鉄火災のような放火に対しても、防火扉により延焼を防ぐことが望ましい。

4.9.3 地上設備

トロリー線、ケーブル、インピーダンスボンド等は銅が使われ、盗難の被害に遭うリスクが高い。トルコの高速鉄道では、ケーブル類が盗難に遭い、開業を数か月遅らさざるを得なかった[22]。規模の大小を問わず、このような例は多

---

[22] Vandalism delays Eskisehir-Gebze highspeed opening, 27 May 2014, RGI 電子版

い。対策としては次のものがある。
1) 電線や導体でアルミやスチールで代替可能なものは銅から変更する
2) 土中に埋設あるいはダクトの中に収納し、外部からアクセスできないようにする
3) インピーダンスボンドのような大きな機器はコンクリート等で覆う
4) 多芯ケーブルを光ファイバーケーブルあるいは無線に置き換える
5) 信号通信機器室、機器箱は特殊な鍵で鎖錠する
6) 電力、信号および通信ケーブルは冗長系を持たせ、1箇所切断されても迂回ルートを確保できるようにする
7) 列車運行に係わる通信システムおよび運行管理システムは、スタンド・アローンとして、外部のシステムとは繋がない

4.10　投資計画

　FSは、開業初年度、10年後、20年後、30年後のように時系列での需要想定を算定する。この需要想定に合わせ、設備容量および車両数を算出するが、いずれの時点の設備容量あるいは車両数で発注するかが課題である。施主からは、ODAでなければ巨額の資金調達ができないので、最大の設備容量に対応した発注を望むことが多い。一方、最初は最小限として、資金ができたら追加発注により設備を順次整備するとの考え方もある。経済合理性からは後者が望ましいが、施主の意向をよく確認する必要がある。ODAの金利は優遇されており、開業時には多少大きめの設備であっても将来の設備増強資金捻出の目処が立たないので、最大限借りるという選択肢もある。しかし、過剰設備であれば、それに伴う保守費も必要となる。車両は単価が比較的高く、保守費用も高額となるので、最小限の両数を調達して、将来の増備は自己資金で行うことが多い。

　段階投資は設計寿命の比較的短い電子機器、コンピューターシステムなどについて、陳腐化の早さ、部品の寿命、OS（Operating System）のサポート期間等を考慮して、推奨案を提案し、合意を得る必要がある。電子機器やコンピューターシステムについて、本体の設計寿命と同じ30年間のサポートを要求されるケースがあるが、実際には不可能であり、適時適切にシステム更新を行うことが経済的であることを説明しなければならない。

4.10 投資計画

　投資計画の基礎となる価格見積もりはFSでは、これまでの経験あるいは他プロジェクトの実績から、キロメートル単価を使用することが多い。基本設計では、システムの仕様が固まるので、それに合わせた類似事例を元に積算する。

　土木・建築は、構造や工法が決まれば積算標準や物価版のような価格基礎資料が整備されているので、それらを用いて積算でき、詳細な部分まで設計すれば、積算の精度は上がる。一方、E&Mや車両は、構造、材料やシステム構成はメーカーあるいは施工業者により異なるので、同じ機能・性能仕様であっても価格は異なる。そのため、土木・建築のような積算標準はない。国内案件の施主である鉄道事業者や鉄道・運輸機構はこれまでの契約実績から、キロメートル単価のような指標となるものを有していると想像されるが、社内機密として公開されることはない。したがって、海外案件を担当するコンサルとしては、雑誌やメーカー等のプレス発表資料から、契約数量、契約額のデータを収集し、キロメートル単価のような指標を独自に作成せざるを得ない。もちろん、個々の案件の契約条件は異なり、何と何が含まれ、何が含まれないかの詳細は分からないので、ある程度の幅を持った目安でしかない。計画段階でメーカーに見積照会をすることはあるが、コンサルの守秘義務もあり、具体的な仕様や契約条件を提示できないので、大まかな価格見積もりしか得られない。また、メーカー側に立てば、競争相手を考慮して、守秘義務を要求するとともに、入札時の価格とは異なるなどの留保を付ける。したがって、価格見積もりの結果をそのまま使うことはできない。施主からは個々の積算根拠を求められるが、経験と勘で決めましたとの言い訳けが通用するはずもなく、最終的には、公開資料から作成した目安の単価を提示することになる。常日頃から、雑誌等に記載されている情報の収集と蓄積が重要となる。

　保守費用については、国土交通省が刊行している鉄道統計年報から各社の保守費データを得ることができるので、それから類推することができる。分析例は5.3節を参照されたい。ただし、軌道保存費、電路保存費および車両保存費として材料費、人件費、外注費等を含めた金額が計上されているので、それ以上のブレークダウンはできない。

　プロジェクト開始後数年以上経ってから、価格の根拠を求められることがあるので、どのような根拠で価格と工事費の積算をしたかについて、記録した資料を保存しておく必要がある。

> *Column 4-2*
>
> ☆ おーい、まずいよ。あなたの担当の PS、この部分が A さんの PS と合っていないよ
> ◇ A さんには確認したのですが
> ☆ 確認した証拠は？
> ◇ ○月○日の打ち合せで
> ☆ 議事録かメモはないの？
> ◇ ありません
> ☆ 紙がなければ確認したことにならないよ。もう一度 A さんと調整して、その結果を議事録にまとめて。PS は契約の一部となるので慎重に
> ◇ 分かりました
>
> よくあることと片付けるのは簡単ですが、数百ページの仕様書作成には、記憶ではなく記録が必要です。

4.11　システムインテグレーターの役割

　システムインテグレーター（SI）は、基本設計の諸元と輸送計画のバランスが取れているか、将来の需要増に対応できるか、安全上のリスクはないか、第 6 章に述べる各サブシステムの要求仕様が適切か、過大な要求となっていないか、適用技術基準が整合しているか、実証技術か、保守計画と整合しているかなどを、基本計画、概略設計および基本設計を通してチェックし、必要に応じて設計変更を担当専門家に助言する。しかし、鉄道の全ての技術分野について深い知識を持つ SI を任用することは大変難しく、例えば車両や信号などの一部の分野についての知識を有する SI を起用することとなる。SI は各専門家に対し、表 4-2 に示すように、提案する技術の根拠、他の技術専門家あるいは他契約パッケージ担当者とのインターフェースの調整状況などを質問することで、それぞれに設計や仕様書が適切に作成されているか否かを確認する。ここに述べた SI の役割は、施主側のコンサルでも請負者側でも、立場は変わっているものの、基本は同じものである。さらに詳細にわたる個々の項目については、プロジェクトにより異なるので、その都度作成しなければならない。

ISO 21500 プロジェクトマネージメント等でも要求されているように、経験したプロジェクトでの成功あるいは失敗事例を教訓として残すことも重要である。これらの教訓は次のプロジェクトにおけるリスク管理、仕様書作成、プロセス管理に役立てることができる。教訓は個人の資産ではなく、所属企業あるいは業界で共有されることが望ましい。

表4-2 基本設計のチェック項目

項番	項　目	チェック項目	添付すべき資料
1	システムの供給範囲	システム毎の供給範囲が明示され、他のシステムと競合あるいは抜けが無いか	システム供給範囲の分類表
2	基本要求事項	基本計画および概略設計と合致しているか。いない場合はその変更理由が明確か	基本計画への適合性 概略設計との比較、変更の場合は理由書
3	システム設計の前提条件	需要想定、列車運行計画、気象条件、他システムとのインターフェース、電力会社の受電条件、無線周波数等が反映されているか	需要想定、列車運行計画、気象条件（温度、湿度、雨量、風速、雷等）他システムとのインターフェース計画 受電計画、電源仕様 無線周波数使用計画
4	当該技術選定理由	複数の技術の比較検討がなされ、最適なものが提案されているか	概略設計時との技術比較表、コスト比較表および関連資料
5	技術基準および適用規格	設計に用いた法令、基準および規格が明示されているか	適用法令、技術基準、規格（ISO、IEC、JIS、現地規格等）
6	計算および分析	設計に必要な計算、分析がなされているか	設計計算書等
7	設計要素	全ての設計要素および関連因子が網羅されているか	システム構成図
8	検証および試験	設計検証方法、検査・試験方法が網羅されているか	検証および検査・試験方法または規格
9	図　面	必要な図面（必要最小限）が作成されているか	外形図、断面図、系統図、回路図、設置図等
10	製造、設置方法	想定する製造、設置方法は実績のあるものか	製造、設置方法の概要および実績の例示
11	汎用性	採用した設計、製造および設置方法が特許等に抵触しないか	商業的に調達可能な技術、材料を使用しているか
12	文書の構成と内容	設計書が分かりやすく、論理的に記述されているか 内容に矛盾はないか 使用したデータに誤りはないか 引用文献や規格は正確か 正しい英語で記述されているか	英語についてはネイティブチェックも必要

Column 4-3

☆ この設計書なんだけど、計算式はどこから持ってきたの？ 引用文献も書いてないよね

◇ 日本で使っているマニュアルです

☆ そのマニュアルって、部内用なので公開されていないのでは？ それは使えないよ。国際規格や英訳されている公的な設計基準を探してほしい

◇ それでは日本式から外れます

☆ 日本式がよいといっても、設計根拠を規格や公開資料で示すことができなければ、施主は納得しないよ

◇ でも日本のODAで日本の技術採用が決まっているではないですか

☆ 確かにそうだけど。WTOのTBT協定で国際規格に適合したものを調達することが義務付けられているし、このプロジェクトでも国際規格、JIS、国際規格と同等な規格を適用するとなっている。非公開なものはまずいよ

◇ 分かりました。見直します

☆ さらに、鋼材やケーブルは現地調達も考えてほしい

こうやって、人は育つのでは。

フランス・ボルドーLRT
(軌道中央のレールから集電するLRT、集電レールを3m毎に区切り、車両直下のみ加圧、世界にはアイデア満載のシステムがある、2004.07.06)

第5章　都市輸送システム

輸送システムとして、鉄道、LRT、モノレール、AGT（自動案内軌条式旅客輸送システムまたは新交通システム）、磁気浮上式交通システム、ケーブルカー、BRT（Bus Rapid Transit）システムおよびバス等がある。BRTおよびバスを除けば、走行をガイドする専用の軌道を有し、他のシステムとの互換性はない。駆動方式としては、鉄車輪、ゴムタイヤ、リニアモーター駆動がある。鉄道は19世紀に生まれ、長い歴史の中でいろいろなシステムが発明され、消え去ったものもある。残ったものは、それぞれに発展を遂げ、現在の形となり、それぞれにバリエーションがあり、いずれも一長一短がある。

ここでは、輸送力、建設費および防災の観点から比較を試みた。ただし、あくまで一般的な項目での比較であるので、個々のプロジェクトで求められる条件、すなわち、環境基準（騒音、振動）、既存鉄道との結節、路線選定の制約（こう配、曲線半径、空頭等）を考慮して、最適なものを提案する必要がある。

5.1　輸送力の比較

需要予測に基づいて輸送力を想定し、それに見合った輸送システムを採用するが、需要予測は絶対的なものではなく、上振れも下振れもある。システム選定の際に、その振れ幅を考慮すべきであろう。

都市交通として、鉄道、モノレール、AGT、磁気浮上式交通システム、LRT、BRTおよびバスの輸送力は、次のようになる。

① **鉄道（一般）**

鉄車輪駆動による車両を運行する鉄道であり、以下「普通鉄道」[1]という。東京メトロの10000系車両を例に取れば、20メートル4扉車、車体幅2.8mの10両編成の定員は座席と立席合わせて1,518名となっている。これは、他の鉄道の車両においても大同小異である。JIS E7003-鉄道車両-旅客車設計通則では、定員の250%（乗車率）を最大乗車人員としている。し

---

[1] 国土交通省令ではリニア地下鉄も普通鉄道に区分されるが、リニア地下鉄は別のジャンルとした。

たがって、最大乗車人員は3,795人、約3,800人となる。10両編成の列車が運行されている線区の最小運転時隔は、半蔵門線等の2分15秒であるので、1時間27本、すなわち102,600人が片道の1時間当たり最大輸送力（以下「最大輸送力」といい、単位は「万人」または「人」で

写真 5-1　東京メトロ副都心線10000系
（多摩川、2018.01.23）

表記する）となる。JR東日本のE233系であれば、車体幅2.95mであるので10両編成の定員は1,582人、最大輸送力は106,800人となる。いずれにしても、最大輸送力10万人が一つの目安である。

　誤解しないで頂きたいが、250％は車両の性能計算に用いる基準であって、台車や車体の強度はそれ以上の荷重に耐えるようにしている。定員の物差しが若干異なるが、かつては定員の300％超の線区もあった。また、定員と乗車率あるいは混雑率の考え方は、国内のみで通用し、国際的には、座席数と立ち席可能な面積の平米当たり旅客数でサービス水準や最大乗車人員を規定している。ちなみに、乗車率250％は平米8人の立ち席にほぼ相当する。

② **リニア地下鉄**

　鉄車輪とレールで車体支持とガイドを行い、リニアモーターで駆動する地下鉄であり、東京都交通局大江戸線、横浜市交通局グリーンライン（写真5-2参照）などがある。建設費を低減するため、小断面のトンネルを採用しているので、車体幅2.5mの17メートル3扉車が各地下鉄で採用されている。大江戸線の

写真 5-2　横浜地下鉄グリーンライン
（センター南、2018.11.11）

12-000 形は 8 両編成で定員 780 人、最大乗車人員は 1,950 人となる。大江戸線は現在 1 時間 20 本の運行であるが、1 時間最大 24 本とすれば、最大輸送力は 46,800 人となり、一般鉄道の半分以下となる。

車体幅を広くすれば、トンネル断面を大きくする必要があるので、小断面地下鉄としてのメリットがなくなる。

③ モノレール

モノレールは、レールに跨がる跨座式とレールからぶら下がる懸垂式がある。モノレールの歴史や種類については付属資料 3 をご覧頂きたい。

跨座式は東京都心と羽田空港を結ぶ東京モノレールで本格的な商業運転を開始したが、初期のモノレール車両は、台車部分が車内にはみ出し、定員が少なかった。車体を高くして、台車の室内への張り出しをなくしたものが多摩モノレール等に採用されている。多摩モノレールの 1000 系は車体幅 2.9m の 14 メートル 2 扉車の 4 両編成で定員 415 人、最大 1,037 人となっている。編成を 8 両まで延ばし、沖縄都市モノレール並の 1 時間 15 本運転とすると、最大輸送力は、31,100 人となり、一般鉄道の約 30％、リニア地下鉄の 66％となる。

写真 5-3　多摩都市モノレール
（多摩動物公園、2009.12.25）

写真 5-4　湘南モノレール
（片瀬山、2017.01.07）

④ **AGT**

コンクリート軌道上をガイドされて走行するシステムであり、有人運転は埼玉新都市交通、広島アストラム、無人運転は神戸ポートライナー、ゆりかもめ、日暮里舎人ライナー等各地で採用されている。日暮里舎人ライナー300形[2]は、車体幅2.5m、車体長9mの5両編成で定員245人、

写真5-5 埼玉新都市交通
（鉄道博物館前、2009.10.21）

最大612人となっている。6両編成、1時間24本運行とすれば、最大輸送力は17,600人となり、一般鉄道の18％、モノレールの56％となる。

⑤ **磁気浮上式交通システム**

愛知万国博のときに開業した愛知高速交通「リニモ」が唯一の営業運転の例となっている。車体幅2.6m、車体長14m、3両編成の定員244人、最大610人であり、1時間24本運行とすれば、最大輸送力は14,600人であり、AGTとほぼ同等である。6両編成ま

写真5-6 リニモ（八草、2012.07.14）

で考慮すると、モノレールと肩を並べることができる。

⑥ **LRT**

JR西日本の線路を転用した富山ライトレールが国内唯一のLRTとなっている。広島電鉄等は低床式のLRVを導入している。富山ライトレールは、輸送規模が小さいので、LRTの潜在的な最大輸送力を算出するに際し、広島電鉄のLRTである5100形、車体幅2.5m、編成定員149人、最大372人を用いた。1分間隔で運行可能として、最大輸送力は22,300人の計

---

[2] 広島アストラムラインの車両はやや小さいので、日暮里舎人ライナーの数値を用いた。

算結果を得る。しかし、国内では、編成最大長 18m、最高速度 40km/h および運賃収受の制約があり、欧米の LRT と同等の輸送力とはならない。一部で、IC カード利用を前提にセルフサービス乗車が試みられている。

⑦ **BRT およびバス**

専用道路でガイドレールを用いて運行するガイドバスは、海外ではいくつかの事例があるが、国内は愛知万国博に合わせて開業した名古屋の「ゆとりーとライン」のみである。バスのサービス定員は 70 人程度で混雑時は 1 時間 23 本の運行であり、最大 1,600 人/時間/片道となっている。

写真 5-7　富山ライトレール
（岩瀬浜、2015.05.07）

写真 5-8　トランスロール
（ヴェネチア、ローマ広場、2017.09.17）

国内ではバスの長さが 12m に制限されているので、ガイドバス、一般バスに限らず 1 時間 60 本としても最大輸送力は 4,200 人となる。連節バスを採用すれば 2 車体で 100〜200 人、3 車体で 300 人程度となるので、最大輸送力は計算上、18,000 人となるが、乗務員の確保、乗降時間の短縮、自動車交通との調整などの課題がある。

バスと同じようなガイド式輸送システムとして付属資料 3 にも記したトランスロール等があり、ヨーロッパ勢が提案する可能性があるが、本書の目的は鉄道建設であるので、これ以上は述べない。

5.2　建設費の比較

ここでは、新線建設費のデータが得られる地下鉄、リニア地下鉄、モノレール、AGT および浮上式リニア（リニモ）について比較する。いずれも国内の

鉄道事業者および公的団体のホームページから得られた情報を基本に作成している。建設費については、用地取得の難易、トンネルの比率などによる差異があるので、大まかな目安として頂きたい。なお、LRTについては、新線の建設実績がないので、本項から除外した。

5.2.1 普通鉄道

　鉄車輪駆動の普通鉄道について、輸送力、営業距離、表定速度および建設費について比較した。輸送力は運行している列車編成で最大のものの最大乗車人員（定員の2.5倍）[3]に1時間当たり最大列車本数（平日8時から9時）を乗じて算定しており、実際の輸送人員ではない。

　東京地下鉄有楽町線、南北線、半蔵門線および副都心線についてのデータを表5-1に示す。いずれもほぼ地下区間のみであり、2000年以降に開業した線区のキロメートル当たりの建設費（以下「キロ建設単価」という）は255～282億円となっている。後に建設される地下鉄ほど既存線との交差等で工事が難しくなり、建設費が高くなる傾向にある。もう一つの指標として、最大輸送力当たりの建設費も試算した。半蔵門線が理論的な最大輸送力1時間当たり片道10万人となっているのに対し、南北線や副都心線はほぼ半分となっており、最大輸送力当たり建設費（以下「輸送人キロ建設単価」という）が半蔵門線は250千円に対し、南北線は503千円とほぼ倍になっている。

　地上区間の多い鉄道として、北総鉄道、つくばエクスプレスおよび仙台空港アクセス線の実績を表5-2に示す。仙台空港アクセス線は単線交流電化鉄道であり、他の例とは異なる。キロ建設単価は、78～139億円であり、輸送人キロ建設単価は375～397千円となっている。

　以上から、輸送力当たり建設費は、一定の輸送需要があれば、他の交通機関に対し地下鉄を含めた普通鉄道が有利であることを示している。

　地下区間は駅間距離が短いので、停車時間を含めた平均速度すなわち表定速度は32～33km/hとなっているが、駅間距離の長い郊外部では60km/hに達する。列車本数は半蔵門線の1時間当たり27本、2分15秒間隔が最大となっている。信号設備は2分間隔まで可能と思われるが、渋谷駅の乗降時間がボトルネックとなって、これ以上の増発ができなくなっている。海外プロジェクト

---

[3] JIS E7103「鉄道車両－旅客車－車体設計通則」による

5.2 建設費の比較

表 5-1 一般地下鉄の輸送力と建設費[4]

事業者・路線	東京地下鉄 有楽町線	東京地下鉄 南北線	東京地下鉄 半蔵門線	東京地下鉄 副都心線
開業	1988年6月	2000年9月	2003年3月	2008年6月
最高運転速度（km/h）	80	80	80	80
最大編成両数	20m車10両	20m車6両	20m車10両	20m車10両
1時間当たり列車本数	24	23	27	18
最大輸送力（人/時間、片道）	91,000	52,000	102,000	68,000
営業キロ（km）	28.3	21.3	16.8	11.9
駅数	24	19	14	11
表定速度（km/h）	33.2	32.6	33.4	31.9
建設費（億円）	4,920	5,604	4,338	2,451
キロ建設単価（億円）	167	262	255	282
輸送力人キロ建設単価（千円）	184	503	250	415

注1 輸送力は最大乗車人員を10000系定員の250％、380人/両として計算
注2 人キロ当たり建設単価は現在の列車本数と両数で計算

表 5-2 普通鉄道の輸送力と建設費[5]

事業者・路線	北総開発鉄道[6] 京成高砂、新鎌ケ谷	つくばエクスプレス[7]	仙台空港アクセス線[8]
開業	1998年3月	2005年8月	2007年3月
最高運転速度（km/h）	120	130	110
最大編成両数	18m車8両	20m車6両	20m車6両
1時間当たり列車本数	8	23	3
最大輸送力（人/時間、片道）	20,800	35,000	2,000
営業キロ（km）	11.7	58.3	7.1
駅数	19	20	3
表定速度（km/h）	47.3	61.3	61.8
建設費（億円）	916	8,081	330
キロ建設単価（億円）	78	139	46
最大輸送人キロ建設単価（千円）	375	397	2,300

注1 仙台空港アクセス線は単線電化（交流20kV/50Hz）
注2 輸送力はそれぞれの線区で運行されている代表車両の定員の250％として計算
注3 仙台空港アクセス線の表定速度は空港、仙台間17.5kmで計算
注4 人キロ当たり建設単価は現在の列車本数と両数で計算

---

[4] 一般社団法人日本地下鉄協会、平成28年度地下鉄事業の概況等から作成
[5] 一般社団法人日本地下鉄協会、平成28年度地下鉄事業の概況等から作成
[6] 建設費は会計検査院平成11年度検査報告、日本鉄道建設公団が第3セクターに譲渡した民鉄線に係る譲渡代金の償還状況による
[7] 筑波エクスプレス協議会資料およびつくばエクスプレスホームページ等から作成
[8] 仙台空港アクセス線の概況、宮城県公式ホームページ等から作成

で、ヨーロッパ勢は1分30秒まで短縮できると宣伝している。しかしながら、編成両数の短い銀座線は1時間29本で運行しているが、中間駅の乗降時間、ターミナル駅での折り返しを考慮すると、半蔵門線がほぼ限界といえる。渋谷駅の改良等大規模な投資を行ってボトルネックを解消できたとしても、慢性的な遅延解消につながるものの、列車本数の大幅な増は期待できない。したがって、ヨーロッパ勢のいう1分30秒の中身を確認しなければ、それをそのまま信じることはできない。

5.2.2 リニア地下鉄

東京都、福岡市および横浜市の三つの例について比較した結果を表5-3に示す。最高速度は70kmまたは80kmで、表定速度は29km/hおよび38km/h(横浜市)となっている。

キロ建設単価は、建設条件の差異もあって166〜333億円と大きくばらついている。リニア地下鉄は、トンネル断面を小さくし、一般の地下鉄よりも急こう配と急曲線を許容するので建設費が安くなるといわれているが、表5-1の数

表5-3 リニア地下鉄の輸送力と建設費 [9]

事業者・路線	福岡市交通局 七隈線	横浜市交通局 4号線	東京都交通局 大江戸線	仙台市交通局 東西線
開業	2005年3月	2008年3月	2010年12月	2015年12月
最高運転速度(km/h)	70	80	70	70
最大編成両数	17m車4両	17m車4両	17m車8両	17m4両
1時間当たり列車本数	15	17	20	12
最大輸送力(人/時間、片道)	12,000	13,000	32,000	11,600
営業キロ(km)	12.7	13.0	40.7	13.9
駅数	16	10	40	13
表定速度(km/h)	29.0	38.0	29.0	31.5
建設費(億円)	2,811	2,412	13,574	2,303
キロ建設単価(億円)	221	184	333	166
最大輸送人キロ建設単価(千円)	1,841	1,415	1,040	1,431
記事	橋本、天神南間			

注 最大輸送人キロ建設単価は現在の列車本数と両数で計算

[9] 一般社団法人日本地下鉄協会、平成28年度地下鉄事業の概況等から作成

値と比べて顕著な差があるとはいえない。一方、車両が小型になることから、編成両数と1時間当たり列車本数は改善の余地があるとしても、最大輸送人キロ建設単価は、一般地下鉄の4倍以上となる結果がでている。

5.2.3 モノレール

跨座式の例として沖縄と多摩、懸垂式の例として千葉を取り上げ、それらの比較を表5-4に示す。

最高速度は65km/h、表定速度は27〜29km/hで、地下鉄よりはやや低い。

キロ建設単価は沖縄の86億円が最低であるが、大阪106億円、多摩151億円、千葉183億円と有楽町線を除く2000年以降に開業した一般地下鉄のキロ建設単価の平均266億円のそれぞれ40％、57％、69％となっている。一方、ゴムタイヤの耐荷重から最大乗車人員が制限されるので、最大輸送人キロ建設単価は輸送力の大きい大阪を除いて、リニア地下鉄とほぼ同等であり、一般地下鉄

表5-4 モノレールの輸送力と建設費

事業者・路線	大阪高速鉄道本線[10]	千葉都市モノレール[11]	沖縄都市モノレール[12]	多摩都市モノレール[13]
開業	1997年8月	1999年3月	2003年8月	2010年1月
最高運転速度（km/h）	75	65	65	65
最大編成両数	15m車4両	15m車2両	14m車2両	15m車4両
1時間当たり列車本数	12	9	15	10
最大輸送力（人／時間、片道）	14,800	1,800	6,100	10,000
営業キロ（km）	21.2	15.2	13.1	16.0
駅数	14	19	15	13
表定速度（km/h）	35.3	29.0	28.6	27.0
建設費（億円）	2,241	2,780	1,128	2,421
キロ建設単価（億円）	106	183	86	151
最大輸送人キロ建設単価(千円)	716	10,167	1,410	1,510
記事	跨座式	懸垂式	跨座式	跨座式

注 最大輸送人キロ建設単価は現在の列車本数と両数で計算

---

[10] 大阪高速鉄道大阪モノレールについて、佐藤信之、鉄道ジャーナル、2009年5月
[11] 千葉都市モノレール債権計画書、2006年2月等から作成
[12] 沖縄モノレールの概要、沖縄県公式ホームページ
[13] 東京都監査事務局資料、www.kansa.metro.tokyo.jp 等から作成

の3倍以上となっている。千葉都市モノレールは輸送力あるいは現在の輸送量が小さいことから、最大輸送人キロ建設単価は跨座式の7倍近くとなっている。この結果から、モノレールは道路の上に建設できるので、低コストということはできない。建設費の一部を道路側が負担する仕組がなければ、輸送需要と建設後の列車運行計画も含めて一般鉄道よりも経済的優位性があるとは必ずしもいえない。中国の重慶（じゅうけい）のように地形上やむを得ない場合や、騒音振動規制の厳しい場合を除けば、モノレール採用のメリットは少ないといわざるを得ない。

5.2.4 AGTおよび磁気浮上式交通システム

コンクリート軌道上をゴムタイヤで走行するAGTとして、広島高速鉄道（広島アストラム）、東京都交通局日暮里舎人ライナーを、浮上式交通システムとして愛知高速交通「リニモ」を例として表5-5に示した。

表5-5 AGT、リニモの輸送力と建設費

事業者・路線	広島高速交通1号線	東京都交通局日暮里舎人ライナー	愛知高速交通東部丘陵線（リニモ）[14]
開業	1999年3月	2008年3月	2005年3月
最高運転速度（km/h）	60	60	100
最大編成両数	9m車6両	9m車5両	14m車3両
1時間当たり列車本数	24	18	7.5
最大輸送力（人/時間、片道）	17,000	11,000	4,500
営業キロ（km）	18.7	9.8	8.9
駅数	22	13	9
表定速度（km/h）	30.0	27.7	31.4
建設費（億円）	798	1,269	356[15]
キロ建設単価（億円）	42	129	40
最大輸送人キロ建設単価（千円）	247	1,172	889
記事	有人運転	DTO	浮上式リニアDTO

注1　最大輸送力は乗車人員を定員の250％として計算
注2　最大輸送人キロ建設単価は現在の列車本数と両数で計算
注3　愛知高速鉄道の最高速度は設計最高速度

---

[14] 愛知高速交通株式会社公式ホームページから作成
[15] 愛知高速交通負担分のみ

AGT の最高速度は 60km/h であり、リニモは設計最高速度が 100km/h であるが、実際は 70km/h 程度である。AGT およびリニモの表定速度は 27〜31km/h である。

キロ建設単価はリニモが 40 億円、広島が 42 億円、日暮里が 129 億円となっており、一般地下鉄よりもやや安いといえるが、最大輸送人キロ当たり建設費は、広島が有人運転を行い一般地下鉄と肩を並べるが、DTO の日暮里舎人ライナーは、ほぼ限界の輸送を行っているものの一般地下鉄の 4 倍以上となっている。

5.3　保守費および運転費の比較

保守費および運転費、消費電力について、附属資料 5 に示すように平成 27 年度鉄道統計年報のデータから線路保存費、電路保存費、車両保存費、運転費（人件費）、運用電力を抽出し、年間旅客人キロ当たりの単価を試算した結果を以下に示す。各事業者の路線条件、運転条件によるばらつきがあるので、グループ毎の平均値でそれぞれのシステムの傾向を見ることとする。

線路保存費は軌道、トンネル、橋梁、高架橋などの保守費用である。電路保存費は変電所、電車線、配電線、信号設備、通信設備などの保守費用である。車両保存費は車両、車両基地等の保守費用である。

以下に述べるように、普通鉄道は輸送力の大きいこともあり、輸送人キロ当たりの保守費用が最も低くなっている。ゴムタイヤ駆動システムは、モノレール、AGT を問わず、車両保存費が高く、電力消費量が大きくなる。磁気浮上式は、走行抵抗が最も少ないとしても、浮上のための電力消費が大きいので、普通鉄道の 8 倍の単位電力量となっている。

5.3.1　地　下　鉄

札幌市、仙台市、東京都、横浜市、名古屋市、京都市、大阪市[16]、神戸市および福岡市の交通局、東京地下鉄のデータを分析した。

写真 5-9　副都心線
（都市空間有効活用のため既存の地下鉄線路の下に建設、渋谷、2009.09.27）

---

[16] 平成 27 年度は公営地下鉄であった。

札幌市は、他の地下鉄と異なり、ゴムタイヤ式の地下鉄を採用しているので、各保存費と電力は他の地下鉄と異なる傾向を示すので、札幌市とそれ以外の地下鉄に分けた。

札幌市は、表5-6に示すように、千人キロ当たりの線路保存費単価9,130円、電路保存費単価7,042円、車両保存費単価7,502円、単位電力490kWhとなっている。他の地下鉄に比べ大きな数値となっており、その原因はゴムタイヤ駆動の他に寒冷地であることなどが考えられるが、詳しい理由は不明である。

札幌を除く地下鉄の平均[17]は、表5-7に示すように、線路保存費単価1,142円、電路保存費単価952円、車両保存費単価1,195円、単位電力38kWhとなっている。なお、リニア地下鉄の経費は一般の地下鉄と区分されていないので、リニア地下鉄単独での評価はできない。しかし、リニアモーターは車輪の摩耗に合わせて台車装荷のコイル部とリアクションプレートのギャップ調整が必要となるので、車両保存費は回転モーターシステムよりも割高になると考えられる。

表5-6 札幌地下鉄の輸送千人キロ当たり保守費、運転費および電力消費量 (円)

事業者	線路保存費	電路保存費	車両保存費	運転費(人件費)	運転用電力 kWh	電力代価
札幌市	9,130	7,042	7,502	10,805	490	8,691

表5-7 地下鉄の輸送千人キロ当たり保守費、運転費および電力消費量 (円)

事業者	線路保存費	電路保存費	車両保存費	運転費(人件費)	運転用電力 kWh	電力代価
仙台市	2,923	3,981	1,842	2,088	45	793
東京地下鉄	684	642	953	1,337	28	558
東京都(地下鉄)	1,687	1,174	1,380	1,593	38	747
横浜市	1,087	792	912	1,416	42	915
名古屋市	1,924	872	1,531	2,395	73	1,301
京都市	2,266	2,281	1,974	2,503	54	981
大阪市(地下鉄)	1,452	1,365	1,594	2,264	51	875
神戸市	824	1,323	1,248	2,473	43	819
福岡市	2,347	2,244	1,717	1,888	53	834
平均	1,142	952	1,195	1,648	38	723

[17] 単純平均ではなく、輸送量、保存費等を合計したもので平均値を計算している。

5.3.2 普通鉄道

大手民鉄の鉄道部門および首都圏新都市鉄道（つくばエクスプレス）について集計した。表5-8に示すように、平均は線路保存費単価526円、電路保存費単価447円、車両保存費単価737円、単位電力44kWhとなっている。線路保存費、電路保存費はトンネルの少ないこともあり、地下鉄の半分程度となっている。単位電力が地下鉄よりも大きいのは、高速運転を行っているためと考えられる。

表5-8 大手民鉄および首都圏新都市鉄道の輸送千人キロ当たり保守費、運転費および電力消費量　　　　　　　　　　　　　　　　　　　　　　　　　　　（円）

事業者	線路保存費	電路保存費	車両保存費	運転費（人件費）	運転用電力kWh	電力代価
東武鉄道	512	500	908	1,570	39	772
西武鉄道	323	374	533	1,052	45	870
京成電鉄	381	481	790	1,770	49	965
京王電鉄	356	458	659	822	30	588
小田急電鉄	243	326	500	935	30	587
東京急行電鉄（鉄道）	266	381	637	868	27	527
京浜急行電鉄	641	481	700	1,160	39	761
相模鉄道	328	404	557	1,092	35	724
首都圏新都市鉄道	779	620	531	406	38	727
名古屋鉄道（鉄道）	686	375	815	1,460	59	997
近畿日本鉄道（鉄道）	781	619	1,002	1,825	70	1,117
南海電気鉄道（鉄道）	905	519	814	1,605	54	889
京阪電気鉄道（鉄道）	824	455	744	1,265	58	926
阪急電鉄	640	360	841	979	47	765
阪神電気鉄道	943	540	808	1,496	46	732
西日本鉄道	912	604	859	978	52	814
平均	526	447	737	1,222	44	786

5.3.3 モノレール

跨座式モノレールは、東京モノレール、多摩都市モノレール、大阪高速鉄道、北九州高速鉄道および沖縄モノレールの 5 社について集計した。表 5-9 に示すように、平均は線路保存費単価 1,606 円、電路保存費単価 1,917 円、車両保存費単価 2,827 円、単位電力 73kWh となり、鉄車輪の地下鉄や普通鉄道に比べ、大きくなっている。これは、ゴムタイヤ駆動は摩擦抵抗が大きく、電力消費量を大きくしていることと、タイヤの交換費用の高いことが車両保存費を高くしている理由と考えられる。

懸垂式モノレールは、千葉都市モノレールと湘南モノレールの 2 社を集計した。表 5-10 に示すように、平均は線路保存費単価 2,596 円、電路保存費単価 3,351 円、車両保存費単価 3,522 円、単位電力 122kWh となり、いずれも跨座式モノレールよりも高くなっている。

表 5-9 跨座式モノレールの輸送千人キロ当たり保守費、運転費および電力消費量(円)

事業者	線路保存費	電路保存費	車両保存費	運転費（人件費）	運転用電力 kWh	電力代価
東京モノレール	1,857	1,157	2,172	1,525	82	1,790
多摩都市モノレール	440	2,494	3,983	1,834	50	1,038
大阪高速鉄道	1,699	2,407	2,047	2,692	65	1,193
北九州高速鉄道	402	3,587	4,421	1,818	141	2,223
沖縄都市モノレール	4,533	2,515	5,344	3,895	65	1,228
平均	1,606	1,917	2,827	2,005	73	1,481

表 5-10 懸垂式モノレールの輸送千人キロ当たり保守費、運転費および電力消費量(円)

事業者	線路保存費	電路保存費	車両保存費	運転費（人件費）	運転用電力 kWh	電力代価
湘南モノレール	3,575	2,475	3,140	10,287	142	2,872
千葉都市モノレール	2,092	3,802	3,718	5,403	112	2,244
平均	2,596	3,351	3,522	7,063	122	2,458

5.3.4 AGT

AGT は、有人運転と DTO のグループに分けて集計した。

有人運転を行っている埼玉新都市交通と広島高速交通の 2 社について集計した。表 5-11 に示すように、平均は線路保存費単価 1,630 円、電路保存費単価 2,220 円、車両保存費単価 2,393 円、単位電力 90kWh となり、跨座式モノレールよりも高い値を示している。

DTO の横浜シーサイドライン、ゆりかもめおよび神戸新交通の 3 社について集計した。日暮里舎人ライナーについては、経費が分離されていないので、集計の対象から外している。表 5-12 に示すように、平均は線路保存費単価 2,547 円、電路保存費単価 2,690 円、車両保存費単価 3,249 円、単位電力 96kWh となり、有人運転 AGT および跨座式モノレールよりも高い値を示している。一方、運転費は有人運転の 26% となっている。

有人運転および DTO の AGT は、ゴムタイヤ駆動による経費および電力消費量増とともに、輸送力が小さいことにより割高となっているといえる。

表 5-11 有人運転 AGT の輸送千人キロ当たり保守費、運転費および電力消費量(円)

事業者	線路保存費	電路保存費	車両保存費	運転費(人件費)	運転用電力 kWh	電力代価
埼玉新都市交通	1,974	2,075	1,999	2,218	47	905
広島高速交通	1,369	2,330	2,693	2,621	123	1,876
平均	1,630	2,220	2,393	2,447	90	1,456

表 5-12 DTO AGT の輸送千人キロ当たり保守費、運転費および電力消費量(円)

事業者	線路保存費	電路保存費	車両保存費	運転費(人件費)	運転用電力 kWh	電力代価
横浜シーサイドライン	276	3,197	2,295	994	73	1,408
ゆりかもめ	2,025	2,497	3,187	362	91	1,894
神戸新交通	4,751	2,735	3,904	924	120	2,201
平均	2,547	2,690	3,249	642	96	1,903

5.3.5 リニモ

リニモは愛知高速交通1社のみであり、表5-13に示すように、線路保存費単価1,415円、電路保存費単価4,239円、車両保存費単価3,171円、単位電力362kWhとなり、いずれもAGTより大幅増となっている。特に単位電力量の大きいことは、浮上のための電力消費が大きく、走行抵抗が小さくなったことを打ち消している。

表5-13　リニモの輸送千人キロ当たり保守費、運転費および電力消費量　　（円）

事業者	線路保存費	電路保存費	車両保存費	運転費（人件費）	運転用電力 kWh	電力代価
愛知高速交通	1,415	4,239	3,171	1,048	362	6,743

5.3.6 路面電車

LRTの経費の目安を得るため、路面電車12社局について集計した。表5-14に示すように、平均は線路保存費単価3,683円、電路保存費単価2,243円、車両保存費単価5,261円、単位電力136kWhとなり、電路保存費を除きAGTよ

表5-14　路面電車の輸送千人キロ当たり保守費、運転費および電力消費量　　（円）

事業者	線路保存費	電路保存費	車両保存費	運転費（人件費）	運転用電力 kWh	電力代価
札幌市（軌道）	11,152	8,915	27,726	68,905	254	6,239
函館市	10,101	4,121	12,246	13,877	177	3,751
富山ライトレール	4,668	3,422	6,272	10,269	117	1,838
東京都（軌道）	9,578	5,636	7,818	21,968	226	4,433
東京急行電鉄（軌道）	1,297	1,731	2,764	10,711	41	794
京阪電気鉄道（軌道）	4,785	2,453	5,249	7,075	176	2,878
岡山電気軌道	4,106	933	8,071	19,995	173	3,361
広島電鉄（軌道）	1,642	1,267	3,894	16,779	122	2,215
とさでん交通	812	632	1,953	6,783	154	3,063
長崎電気軌道	3,864	1,141	3,662	10,910	119	2,083
熊本市	3,166	2,681	5,607	23,233	112	2,140
鹿児島市	1,274	1,429	5,225	16,012	105	2,073
平均	3,683	2,243	5,261	15,010	136	2,528

り大幅増となっている。設備が古く、輸送力の小さいことが大きく影響している。電路保存費がAGTよりも低いのは、信号設備がほとんど無いことによる。特に、運転費は単位輸送力が小さいことが影響し、他の鉄道システムよりも格段に大きくなっている。したがって、LRTの導入を検討する場合は、労働生産性を如何に引上げるかが課題となる。連結両数の

写真 5-10　広島電鉄超低床 LRV
（輸送力の大きい5車体連接だが運賃収受が課題、土橋、2016.4.9）

増、セルフサービスによる運賃収受の合理化が重要である。

5.4　線形の比較

　普通鉄道は、国土交通省「鉄道に関する技術上の基準を定める省令」の解釈基準で、最急こう配35‰、最小曲線半径300mとしているが、やむを得ない場合は最小曲線半径160mが採用されている。こう配35‰を超えるものとしては神戸電鉄の50‰、箱根登山鉄道の80‰の例がある。

　リニア地下鉄は、最急こう配60～80‰、最小曲線半径50m[18]が可能としている。最小曲線半径は操舵台車採用により可能としているので、リニアに限らず回転モーター駆動の普通鉄道でも操舵台車を採用すれば、同様の性能が得られる。最急こう配は電気ブレーキ故障時を考慮すると機械ブレーキのみでの降坂性能が要求されるので、普通鉄道と同じと考えられる。

写真 5-11　神戸電鉄
（六甲山に50‰こう配で建設された通勤路線、鵯越、2017.2.9）

---

[18]　21世紀の都市交通システムを担うリニア地下鉄、磯部栄介他、日立評論、1999年3月

跨座式モノレールは、最急こう配100‰（推奨60‰）、最小曲線半径100m、車両基地50m[19]となっている。分岐器は可撓式レールあるいは関節式レールで走行レールそのものを曲げて切り換えるので、大がかりな設備となる。懸垂式モノレールは、湘南モノレールの例では、最急こう配74‰、最小曲線半径100m、車両基地50mとなっており、ゴムタイヤ式駆動であることを考慮すると、跨座式とほぼ同じと考えてよい。分岐器は走行桁の一部を可動させる。

　AGTは、最急こう配60‰、最小曲線半径25mであり、分岐器は中央ガイドと側方ガイドの2種類あり、現在は側方ガイドが主流となっている。

　リニモは、最急こう配70‰、最小曲線半径50mであり、分岐器は跨座式モノレールと同様に走行レールそのものを曲げて切り換えている。

　以上から、こう配50‰までは普通鉄道またはリニア地下鉄、それ以上はゴムタイヤ式のモノレール、AGT等が優位となる。

5.5　その他の比較

5.5.1　騒音・振動

　騒音・振動については、リニモ、ゴムタイヤ式そして鉄車輪の順に大きくなる。鉄車輪については、低騒音のラダー軌道等が実用化されているが、輸送力とのバランスで、システムを選定する必要がある。

写真 5-12　ラダー軌道（京浜急行糀谷、2012.10.21）

---

[19] 都市モノレール、一般社団法人日本モノレール協会、2016年1月

5.5.2 防災対策

自然災害、火災、テロ等に対する防災対策は、いずれの輸送システムでも重要であり、それぞれ設計基準があるので、それに従った設計、施工が必要となる。特に注意しなければならないのは、列車が駅中間で停車したときの旅客の避難誘導である。

① **普通鉄道**

普通鉄道は、列車先頭部の扉から軌道上に避難し、軌道を歩行して最寄りの駅まで避難することが一般的である。ここで注意しなければならないのは、線路内歩行が安全に行えるかである。まくらぎとバラスト軌道であれば、成人男性が平底の靴で歩行することは、大きな問題と考えられていない。しかし、子供やハイヒールを履いた女性には難しい。車椅子ならばなおさらである。最近採用されているAVT軌道は消音バラストがなければ、まくらぎ間隔を考慮すると、歩くことは難しい。したがって、まくらぎ上に板を取り付け歩行用とすることも考えられるが、軌道の保守点検を考慮すると、問題がある。最終的には、線路横に、車両の床面高さとほぼ同じ避難用通路（プラットホーム）を設けることで解決せざるを得ない。ミラノ地下鉄など無人運転を行っている鉄道で採用している。

写真5-13　無人運転のミラノ地下鉄3号線
（トンネル側壁に沿って避難通路を設置、2013.12.17）

② **リニア地下鉄**

リニア地下鉄も基本的には一般鉄道と同じ考え方で、避難を計画している。しかし、リニア地下鉄の地上導体の上の歩行も、導体の幅を考慮すると、成人男性でも難しい。したがって、最終的には、上記の避難用通路を設けることになるであろう。

③ **モノレールおよび浮上式交通システム**

いずれのシステムでも、駅での転落防止設備設置が必要となる。また、跨座式、懸垂式を含め、駅間で停車した列車からの避難が、縄はしごや高

所足場車に頼らざるを得ない。これが、モノレールの一番の問題である。
④ **AGT**

軌道構造から、先頭車から軌道中央に降りての避難は比較的容易といえる。しかし、その場合には、軌道側方に設けたき電線の停電による感電防止等の対策をとらなければならない。

5.5.3 価格競争によるコストダウン

普通鉄道は、供給者が多数であるので、価格競争によるコストダウンの余地がある。しかし、リニア地下鉄は供給者が限られ、市場規模も小さいので、競争原理が働きにくい。

ゴムタイヤを使用したモノレールやAGTは、ゴムタイヤによって最大乗車人員が決まり、需要増に対する弾力性に乏しい。また、市場規模が小さいことから供給者が少ないので、建設費や維持費は期待ほどには安くならない。リニモについては、実用例が一つのみであり、さらに市場原理による価格競争が働きにくい。

LRTあるいはLRVは国内メーカーよりも海外メーカー間での競争が激しく、日本企業の参入する余地はないに等しい。

Column 5-1

☆ 何で、そんなに鉄道の色々なことを知ってるのですか？
◇ 新線開業や新車がでれば、時間を作って見に行っているからさ
☆ よほどお好きなんですね
◇ そんなことはないさ。見なければ分からないことも多いよ。雑誌の記事は余り悪いことは書かないし、メンテナンスに関わる問題は、現場で聞かなければ出てこないよ
☆ そんなもんですかね
◇ リニア地下鉄のモーターの高さ調整も車内に点検蓋があったので、疑問に思って聞いた結果だよ。ゴムタイヤメトロの軌道も、現地で観察したらこんなに複雑なことをしてと思った。文献だけではそのようなことは分からないよ。メーカーの宣伝文句に惑わされないように

Column 5-2

☆ ケーブルや電線の盗難防止対策を考えてほしい
◇ 全線高架やトンネルなので、外から入れませんよ
☆ 電線1mで現地の労働者の給料何日分？ 金になれば、どこからでも入るさ。泥棒は外からだけとは限らないし
◇ 電線を全部パイプの内側に収め、ケーブルトラフを特殊金具で固定するのはコストが掛ります
☆ ケーブルが盗まれたら、電力も信号もみんな止まって、営業ができなくなる。復旧費用も含めて考えたら、そんなことをいっていられない
◇ 仕様書には書いてありませんが
☆ DBやEPC契約にはFit for Purpose（目的に合致）という規定がある。発展途上国で仕事するなら、当然考えなければならないのでは

第6章　鉄道を構成するシステム

　鉄道を構成するシステムは、軌道、車両、信号、通信が基本であり、電気鉄道が発明されて電力供給、電車線が加わり、鉄道営業や安全をサポートする自動改札（AFC）、プラットホームスクリーンドア（PSD）、設備管制システムが付加されてきた。車両保守基地設備はその複雑さから別のシステムとして取り扱われることが多い。鉄道施設の保守用車両、機械や設備は、軌道、電力供給などのシステムの一部として取り扱われることが多いが、忘れてはならないものである。

　ここでは、PM および SI として必要となる日本と海外の技術の比較を主に述べるので、個々のシステムの詳細については、それぞれの専門書を参照されたい。

6.1　軌　　道

6.1.1　軌道の種類

　列車の走行する軌道は、歴史的に砕石の上にまくらぎ[1]をのせ、その上にレールを敷設するバラスト軌道が広く使われてきた。構造が簡単であり、建設費が安いという利点がある。その一方、バラスト砕石の管理、バラストあるいは路盤の上下方向や左右方向の変形のレール長手方向のバラツキによりレールの車両走行面が相対的に移動する軌道不整（軌道変位とも呼ぶ）の他、曲線走行時の乗り心地を改善する超過遠心力に対応する左右方向の軌道面の傾きであるカントの確認や修正など頻繁に保守作業を行う必要がある。

　軌道保守量を少なくするため、バラストを構造体として用いないコンクリートの版を用いたスラブ軌道が開発され、山陽新幹線岡山以西以後の新幹線建設は全てこのスラブ軌道（途中から改良された枠型スラブと呼ばれるスラブの中が抜かれて枠のような形のスラブ）が用いられている。スラブ軌道は日本独自

---

[1] 歴史的には材質が木であったため「枕木」であったが、現在はコンクリート、鉄、プラスチックが用いられているので、JIS 等では「まくらぎ」が使用されている。

の技術として開発されたが、高速鉄道で走行風によるバラスト飛散が問題となり、ドイツなどがスラブ軌道を参考に開発したコンクリート軌道を採用している。我が国はプレキャストのコンクリート板である軌道スラブを用い、ドイツは現場打ちコンクリート軌道であるレーダ軌道を用いている。

スラブ軌道はバラスト軌道に比較して建設コストが高く、バラスト飛散防止を目的とする高速鉄道に主として採用され、都市鉄道においては新設および保守コストを合わせたトータルコストが有利な場合に採用された。

都市鉄道においては軌道の保守間合いの確保が難しいこともあり、軌道の保守量を少なくすることの他、沿線への騒音振動の伝播を抑制することが重要課題となっている。当初のスラブ軌道の構造ではその要求に十分に応えることは難しく、底面等に弾性材を貼り付け防振性を高めたコンクリートまくらぎやスラブと路盤コンクリートの間に防振性を有する材料を挿入した防振スラブなどの新技術が開発され、現在も改良が加えられている。騒音振動を抑制する技術は我が国だけではなくヨーロッパのメーカーを中心に世界中で開発されているので、海外プロジェクトではどの技術を採用するかが重要な課題である。バラストレス軌道には次のものがあり、走行速度、沿線の振動・騒音基準、コストを考慮していずれを採用するか決める。

① **コンクリート直結軌道**

コンクリート道床に埋め込んだ木製の短まくらぎにレールを固定する。最近では木製に代わり FFU（Fibre reinforced Formed Urethane：繊維補強発泡ウレタン）製合成まくらぎが使用されている。

② **スラブ軌道**

高架橋やトンネルのコンクリート道床の上に長さ数m（国内は5mを基本）の工場製作のプレキャストコンクリート板である軌道スラブを敷設し、その上にレールを締結する。軌道スラブとコンクリート道床の間には流動性があって薄くても割れにくいCA（Cement Asphalt）モルタルを注入して、レールからの荷重を受ける軌道スラブのコンクリート道床への衝撃を分散する。

③ **LVT軌道（Low Vibration Track）**

左右のレールを支える2組のコンクリート製の短まくらぎをコンクリート道床に防振材を介して埋め込み、レールからの振動を吸収する。

④ プリンス（Plinth）軌道

基礎構造物の上にレールに沿った縦まくらぎのような現場打ちコンクリートの台座（プリンス）を設け、台座の上に防振材を介してレールを取り付ける。

⑤ 弾性まくらぎ直結軌道（AVT：Anti-Vibration Rubber Track）

防振材あるいは弾性材を介してコンクリートまくらぎをコンクリート道床に固定する。レールはまくらぎに取り付けられ、その振動はまくらぎとコンクリート道床間に用いる防振あるいは弾性材で吸収する。

⑥ ラダー軌道

プレキャストコンクリート製の梁を縦まくらぎとして用い、その左右の梁をある間隔にパイプ材等で繋いでいる。このため「はしご（ラダー）」状に見えることからラダーまくらぎ、そしてそのまくらぎを用いる軌道をラダー軌道と呼ぶ。バラスト上にラダーまくらぎを設置するバラスト・ラダー軌道もあるが、通常は基礎構造物の上に台座等を設け防振材を介してラダーまくらぎが固定され、フローティング・ラダー軌道と呼ばれる。レールはラダーまくらぎに取り付けられる。なお、台座の代わりにより防振性を高めた防振装置が用いられることもある。なお、コンクリート軌道であっても、バラストを構造体としてではなく騒音吸収の目的でまくらぎ間の隙

写真 6-1　プリンス軌道、デリーメトロ
（レール内側のコンクリートが高くなっているのは、脱線時のガード、ブルーライン、ジャンデワラン、2015.10.22）

間などに散布し、外観上はバラスト軌道と見えるものがある。そのような目的に用いるバラストを消音バラストと呼ぶ。

コンクリート構造物にバラスト軌道を敷設する場合、ヨーロッパ式では、バラストマットを敷いて、コンクリート表面の影響を少なくし、コンクリート構造物の寿命を長くする（百年目標）ことが行われている。海外では、バラストマット採用か否かも議論の対象となることに留意してほしい。

写真 6-2　AVT 軌道
（御徒町、2015.03.14）

写真 6-3　ラダー軌道
（京浜急行糀谷、2015.01.02）

6.1.2　軌道と漏えい電流

防振あるいは弾性まくらぎ直結軌道やラダー軌道はレールと大地間の絶縁抵抗が大きく、漏えい電流（迷走電流）が小さいので、トンネル内のように湿潤な環境でなければ、特別の漏えい電流対策はとられていないことが多い。一方、その他の軌道構造は漏えい電流対策について、検証する必要がある。ヨーロッパ規格では、かつて漏えい電流の多いことを前提に、コンクリート道床の下に漏えい電流吸収マット（Stray Current Collection Mat）を設け、変電所や駅に漏えい電流監視装置を設けることを規定していたが、現在の IEC 規格[2] は漏えい電流抑制および監視方法を規定している。日本ではこのような規格がなく、軌道敷設後にレールと大地間の抵抗を測定し、基準値未満であれば問題箇所のまくらぎと道床間の AVT ボックスを交換している。鉄道システム設計時の仕様策定時に日本式か、ヨーロッパ式かを議論する必要がある。これは、軌道だけではなく、土木や電力のそれぞれの担当が関係するので、合意形成は容易で

---

[2] IEC 62128-2 Railway Application Fixed installation–Electrical safety, earthing and the return circuit–Part 2: Provisions against the effect of stray currents caused by d.c. traction systems

はない。すなわち、欧米人のコンサルタントは従来からのヨーロッパ式に固執するので、土木構造物は漏えい電流吸収マットを設ける前提で設計し、軌道および電力はマットなしで設計するというような事態も起きる。

漏えい電流に対する規定は国土交通省令にはなく、経済産業省令の「電気設備に関する技術基準を定める省令（以下「電気設備技術基準」という）」にある。この省令は鉄道プロジェクト用には英訳されていないので、国土交通省令の規定のみから日本式の漏えい電流対策を施主に説明し、理解を得ることが難しい。

レールを接地するか否かも日本式とヨーロッパ式との議論の種である。詳しくは後述する。

6.1.3　高架橋構造物と軌道

高架橋として軽量で施工が容易であることからPC（Prestressed Concrete）桁が広く採用されている。PC桁はコンクリートブロック内にピアノ線を挿入してピアノ線に引張力を加え、桁に加わる引張荷重をピアノ線で、圧縮荷重をコンクリートで受けるようにして、桁としての強度を確保している。箱形断面のボックス桁は桁の上下方向の寸法が大きく縦方向の曲げ剛性が大きい。これに対し、桁の上下方向の寸法を小さくしたU形桁（U Shape Girder、写真6-4参照）がフランスで開発され、ボックス桁よりも軽量であり、美観も優れてい

写真6-4　U形桁、ホーチミン（2017.02.17）

るとの理由から、海外の都市鉄道プロジェクトでも採用されるようになってきた。しかし、桁の曲げ剛性はボックス桁よりも小さいので、特にコンクリート道床等の採用により重量が大きくなる軌道構造の敷設に際しては注意が必要である。すなわち、分岐器や伸縮継目の設置箇所は橋脚の近傍のように桁の曲げの影響の少ない位置とする必要がある。桁の曲げにより分岐器や伸縮継目の機能に悪影響を及ぼすおそれがある。また、電車線柱をU形桁に取り付ける部分の設計にも配慮が必要となる。

6.1.4 レール

　レールの規格としては、JISの他に、ISO（国際規格）、EN、UIC（国際鉄道連合）規格、AREMA（米国鉄道技術保線協会）規格など協会、地域連合の他、国際的な機関が管理する規格以外にも各国規格があり、そのいずれを採用するかが課題である。国際規格としてはISOが最も適当であるが、これまで30年以上に渡って改訂されず、ほとんど使用されていなかった。ここ数年の改定作業を経て2015年中に改訂版が発行される予定であったが、遅れている。一方、これまでは古いISOに代わってUIC規格が最も広く用いられていた。特に都市鉄道ではかつてはUIC規格が一般的であったが、最近はそのUIC規格を念頭に新たに開発されたENが用いられることが多い。また、重量貨物鉄道（Heavy Haul Railwaysと呼ばれる）ではAREMA規格が採用されることが多い。一方、JISはODA事業に用いられることはあるが、それ以外の海外プロジェクトではほとんど用いられない。我が国のレールメーカーはJISでもENレールでも供給可能であり、相手国の将来のメンテナンスを考慮した場合、ENレールが選定される傾向が強い。

　レールの規格を考える場合、分岐器類の規格との組合せを検討することは重要である。また、レールと車輪の断面形状の組合せを検討することも重要な課題である。特に、車輪フランジと分岐器のクロッシング部のフランジウェイの寸法を確認することは安全走行において極めて重要である。また、メーカーがENレールでJIS規格の分岐器類を製造する場合、車輪通過の安全性を検証する必要があり、製造コストも極めて高くなり、将来の保守部品調達に支障をきたすことも考えられる。したがって、基本的にはレールと分岐器は同じ規格を採用することが基本である。

6.2　車両

海外プロジェクトは都市鉄道建設が多いので、ここでは電車について述べる。

6.2.1　車両の設計基準

車両の設計基準としては、国土交通省令の他に JIS E4106 通勤電車設計通則があるが、これらだけで車両を設計することはできない。関連する JIS、IEC の他に日本鉄道車輌工業会制定の規格 JRIS を参照して、それぞれの設計根拠を示すこととなる。いずれの規格を参照するかに拘わらず、英文規格が必須である。設計だけではなく、製造方案、資格、検査・試験までを含めた規格や基準が要求される。しかし、製造方案や資格については、JIS や日本の法令等に規定がなく、社内規定で運用している場合もあるので、注意が必要である。部分的には、EN 等を適用規格とすることもある。

6.2.2　列車編成と車両

車両を単独または複数連結して営業の用に供するのが列車である。新線建設ではある程度以上の需要を前提としているので、2両以上の列車編成となる。

各車体に2軸ボギー台車を設けるボギー車とするか、二つの車体で一つの台車を共有する連接車とするかが課題である。ヨーロッパは鉄道インフラの保有と列車運行が分離され、列車運行会社が線路使用料をインフラ保有会社に支払うシステムを採用している。使用料は通過車軸数で決められることもあるので、連接車が使用されるケースが多い。

連接車は、列車全体の質量は軽くなるが、1軸当たりの質量、軸重はボギー車に比べ重くなる。また、台車の構造にもよるが、通勤電車のように大勢の旅客が乗車すると、軸重のアンバランスが大きくなる。許容軸重21トンで建設されたヨーロッパの鉄道では問題ないが、軸重14～16トンで建設される鉄道では無視できない。

国内の鉄道では、上記の理由と保守の容易さからボギー車を採用している。海外においても条件はほぼ同じであり、ボギー車を推奨したい。

駅間距離が2km程度以下であれば乗降時間と座席数のバランスから20メートル4扉車（写真6-5参照）が使い勝手がいい。距離が長く、座席数をなるべ

6.2 車両

く多く取りたければ 20 メートル 3 扉車、距離が短く、停車時間をなるべく短くしたければ、20 メートル 5 乃至 6 扉車（写真 6-6 参照）という選択もある。多扉車は乗降時間を 10 秒程度短くできる。

写真 6-5 東京地区標準 20 メートル 4 扉車、JR 東日本 E235 系
（御徒町、2017.11.04）

写真 6-6 東急電鉄 20 メートル 6 扉車
（二子玉川、2016.02.21）

　二階建て車両（写真 6-7 参照）は、扉数が少なく、階段もあるので、停車時間が長くなるので、駅間距離の短い都市鉄道には向かない。ヨーロッパの主要都市では郊外から都心部への通勤列車に二階建て車両が多く使われているが、ターミナル駅のホーム数が多く、長時間停車を許容している結果である。

写真 6-7 イタリア鉄道二階建て客車
（ヴェネチア・サンタルチア駅、2017.09.15）

6.2.3 性　　能

　都市鉄道は駅間距離が1乃至2kmであるので、めいっぱい加速しても最高速度はせいぜい90km/hである。山手線の電車も90km/h出せるのは、品川～田町間などの限られた区間のみで、その他は75km/h以下で走行する。なお、地下区間に採用される剛体架線は最高速度80km/hである。したがって、快速運転が計画されていない限り、走行速度110km/hあるいは130km/hの性能を要求するのは合理的ではない。走行シミュレーションを行い、実用的な最高速度を決めることとなる。同時に、最高速度の確認試験が可能か否かもチェックしなければならない。いたずらに高性能を要求しても、完成検査でチェックできなければ意味が無い。

　加減速度についても、むやみに高くする必要は無い。高くすれば、空転や滑走のリスクが大きくなり、保守費が高くなる原因となる。加速度 $0.83m/s^2$ （$3.0km/h/s$）、減速度 $0.97m/s^2$ （$3.5km/h/s$）程度が適切と考えられる。ターミナル駅の構造、分岐器の配置によって運転時隔が決まるので、加速度、減速度を大きくしても、大幅な時隔短縮効果は期待できない。

　加速度も最高速度も最終的には変電所の容量、電車線や電力ケーブル等のサイズに影響する。経済設計の観点から、実用的な性能とすべきである。都市鉄道に要求されるのはカタログ数値を誇るスポーツカーではなく実用車である。

6.2.4　車体構造

　車体はステンレスかアルミニウムが一般的である。かつては、アルミニウムがステンレスよりも軽く、ステンレスはアルミニウムよりも材料コストが安いので、いずれを採用するかについて大いに議論された。しかし、近年はメーカー間の技術開発および価格競争の結果、両者の差はほとんど無くなっている。ヨーロッパは電力料金が安く、アルミニウム車両の割合が高い。日本はアルミニウムもステンレスもほぼ同じ割合である。ステンレスかアルミニウムのいずれか一つを採用している鉄道事業者[3]もあるが、ステンレスとアルミニウムを価格競争の結果でその都度選択している鉄道事業者[4]もいる。したがって、入札仕様書では、両者を採用可能とする要求事項とすることが多い。

---

[3]　東京メトロ、東急電鉄、京王電鉄など
[4]　西武鉄道、東武鉄道など

ステンレス車体は、SUS301L や SUS304 などのステンレス鋼材をスポット溶接で組み立てているが、衝撃力の大きく加わる部分はステンレスであっても連続溶接構造が採用される。端梁や台車との接続部分はスチールの溶接構造が一般的に採用される。また、ステンレスは曲面加工が難しい[5]ので、先頭部を直線あるいは平面で構成すると、デザイン的に受け入れられないことが多いので、ステンレスの構造体の上に FRP のカバーを取り付けたり、先頭部のみ加工の容易なスチールで作ったりすることもある。

初期のアルミニウム車体は、強度や加工性を考慮して使用部分毎に異なる組成のアルミニウム合金を使用していたが、近年はリサイクルを容易とするため、同じ組成の合金で構成している。

ステンレスやアルミニウムに拘わらず、先頭デザインにインパクトを与えるのはガラスの形状である（写真 6-8 および 6-9 参照）。曲面ガラスも二次曲面より三次曲面はコスト増となり、将来の事故対応で多くの予備品を抱えなければならなくなる。平面あるいは二次曲面としてコスト抑制と将来の保守を考慮してデザインを決めることが望ましい。特に三次曲面ガラスは特注品であり、予備品が無ければ、その都度メーカーに発注しなければならず、コストが高くなる。新車の時はまとめてつくるので、比較的低価格となるが、補修用の一品生産は高価格となる。平面ガラスであれば、汎用品もあるので、入手は容易である。特に発展途上国では、将来の保守も含めて施主とデザインについての議論が重要である。

写真 6-8　東急電鉄 9000 系、正面窓は平面ガラス（緑が丘、2018.04.21）

写真 6-9　JR 東海 313 系、曲面ガラスで構成した正面（沼津、2016.08.31）

車体で注意しなければならないのは、車端圧縮・引張荷重である。国土交通

---

[5] フェライト系 SUS430 などの熱硬化性のないステンレス鋼ならば、曲面加工は容易であるが、強度とコストが問題となる。

省令は引張343kN、圧縮490kNとしているが、インドネシアは圧縮、引張とも980kN、ENは圧縮、引張とも1960kNを要求している。米国規格はさらに大きい値であり、衝突試験も要求され、シミュレーション結果のみでは認められない。独立した線区内で使用される車両であれば独自の基準を採用できるが、他の線区への直通運転があれば、上記のようにその国あるいは地域の技術基準を尊重しなければならない。

車体および附属品の火災対策が重要である。日本はかつての苦い経験を活かして火災対策が国土交通省令に規定され、構造、材料および材料認証を全て網羅している。ENも火災対策や感電防止を規定している。材料認証の問題も含め、いずれを採用するか、相手側と協議し、合意を得なければならない。

6.2.5 空調および換気装置

空調および換気装置は、屋根上に搭載されることが多い(写真6-10参照)。

換気量はJIS E7103の規定[6]から一人当たり13㎥/時となる。これは建築基準法の毎時20㎥/人[7]よりも小さい値としている。換気量を定員対象とするか、最大乗車人員を対象とするかによって大きく異なる。海外プロジェクトでは最

写真6-10 屋根上冷房装置、東京地下鉄03系および東武鉄道20000系
(2016.03.22)

---

[6] JIS E 7103 5.2.1 換気量の計算式による。
[7] 建築基準法施行令第20条の2ロ　機械換気設備

大乗車人員を対象とすることが多い。

冷房装置の容量は外気温と室温の設計条件にもよるが、最大乗車人員に対応するため、日本の通勤電車の概ね2倍程度となる。これは、補助電源装置の容量に影響し、後述の銅フィンの問題と合わせて、車両重量増加にもつながるので、重量計画策定時に注意が必要となる。

冷房装置の冷却フィンについても、日本国内で広く使われているアルミニウムとするか銅フィンとするかについては、施主との協議が必要となる。排ガス規制が徹底していない国では大気汚染による冷却フィンの腐食が問題となり、銅フィンを要求されることがある。また、冷房装置の稼働率も考慮して保守方法を含めた提案が求められる。

6.2.6 台　車

最高運転速度、急曲線の配置により台車構造が選定される。

ボルスターレス台車（写真6-11参照）は軽量化に寄与するが、急曲線の多い線区には向かない。左右の輪重バランスの管理が難しく、急曲線への追従性に問題がある。歴史的にはボルスターレス台車が最初に使われ、問題があったので、ボルスターや揺れ枕を取り入れて台車の構造が発展してきた。近年空気ばねをはじめとする材料の進歩があったので、揺れ枕やボルスターの機能を空気バネあるいは金属コイルのたわみ機能で代替させるボルスターレス台車が再度脚光を浴びるようになった。ボルスターレス台車は万能ではなく、その特性

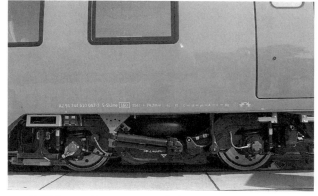

写真6-11　ボルスターレス台車、スカントラフィック
（INOTRANZ ベルリン、2012.09.20）

写真 6-12 ボルスター付台車、東京地下鉄 13000 系
（中目黒、2018.02.11）

を見極めて使用する必要がある。鉄道事業者によってはボルスター付台車（写真 6-12 参照）にこだわっているところもある。

　台車のばねは、軸ばねの一次サスペンション、枕ばねの二次サスペンションに分けられる。二次サスペンションには金属板ばね、金属コイルばねおよび空気ばねが用いられ、近年は乗り心地および高さ調整[8]の観点から空気ばねが多く採用されている。一次サスペンションには、金属板ばね、金属コイルばねおよび防振ゴムが用いられている。防振ゴムについては、経年に伴う劣化（ばね定数が大きくなる）があるので、取替時期を予め想定し、保守計画に織り込む必要がある。しかし、将来の保守コストを抑えたい場合には、一次および二次サスペンションを金属コイルばねとすることもある。そもそも保守の必要性を理解していない施主に、防振ゴムは定期的に交換する必要があると説明しても、理解してもらえないかもしれない。一次サスペンションで、曲線通過を容易にする操舵台車もあるが、保守を考慮すると採用には慎重にならざるを得ない。

　車輪の踏面形状は、使用するレールの形状に適合するものを選定する必要がある。すなわち、JIS レールであれば JIS に、EN レールであれば、EN に準拠したものから選定する。EN レールに JIS 踏面の車輪あるいはその逆であれば、脱線のリスクが増える。

---

[8] 乗客の多寡によりばねがたわみ、車両の床面高さが変化するので、それを補償するため、常に一定の高さになるように、空気ばねの内圧を制御している。乗客の荷重情報は、高さ調整のみならず、加減速力および空気調和の制御にも使われる。

6.2.7 プロパルジョン（推進）システム

半導体を使用したVVVF（Variable Voltage Variable Frequency）インバーターによる誘導電動機駆動（写真6-13参照）が一般的となった。かつての主流であった直流電動機駆動はほとんどなくなり、直流電動機の製造工場もなくなった。近年は、永久磁石を使用した同期電動機駆動も実用化されている。同期電動機駆動の技術はエレベーターの昇降機や製鉄所の圧延機の駆動用として生まれ、鉄道車両用にも応用されている。回転子に永久磁石を使って構造を簡単にした永久磁石同期電動機が実用化されている。

誘導電動機と同期電動機駆動の大きな違いは、誘導電動機は一つのインバーターで複数の電動機を駆動することができ、同期電動機は一つのインバーターで一つの電動機しか駆動できないことである。すなわち、同期電動機はインバーターから供給される電流の周波数に対応した回転数で駆動される。鉄道車両のように複数の動軸があって、それぞれの車輪径が微妙に異なっている場合には、各動軸の回転数を同じにすることはできない。したがって、動軸毎に回転数を個別に制御する必要があり、同期電動機の場合には、一つの電動機を一つのインバーターで駆動することになる。一方、誘導電動機はインバーターから供給される電流の周波数よりも若干小さい周波数[9]に対応した回転数で回転する。

写真6-13 誘導電動機カットモデル（リニア鉄道館、2012.07.13）

---

[9] この差を「すべり」といい、すべりが大きければ大きなトルク、小さければ小さなトルクが発生するので、すべりを制御することによって、トルクすなわち駆動力を制御している。

したがって、動軸毎の車輪径の差は吸収されるので、一つのインバーターで複数の電動機を駆動することができる。

誘導電動機であれば、インバーターや電動機が故障した場合には、電動機の起電力がゼロであるので、インバーターの元をカットすれば問題はない。しかし、永久磁石同期電動機は、電動機が回転している限り起電力を発生するので、電動機の元に回路を遮断するスイッチを設けて、起電力の影響がインバーターに及ばないようにする必要がある。全て美味しい話は無く、それぞれの技術的特性に合わせた回路構成としなければならない。

VVVFインバーターは、半導体パワー素子の技術進歩が速く、十数年でパワー素子の供給が打ち切られる。もちろん、代替品に替えることもできるが、車両の設計寿命の半分程度で、インバーターの更新あるいは取り替えを行う必要がある。これはパワー素子だけではなく、制御回路の基板もコンデンサーの寿命、回路素子の変更、ソフトウェアの更新などにより、定期的な更新が必要となる。このことは、計画段階で保守計画に織り込んでおくべきものである。いくら性能がよくても未来永劫使えるものではない。

直流電動機から誘導電動機への転換は、車体材料の変更と合わせ、車両保守のパラダイムシフトを促した。かつての鋼製車体は腐食で寿命が短く、30年程度で車体を新造し、台車や電気機器を再利用していた。メカニカルな制御機器や電動機は修繕を繰り返すことにより数十年使うことができた。しかし、最近の電車は車体の寿命が長い反面、電気機器の寿命が十数年と短く、素子や電子部品の供給もなくなるので、車体や台車はそのまま使用し、電気機器を交換するようになった。主客が逆転している。

6.2.8 ブレーキシステム

ブレーキには空気ブレーキと電気ブレーキの二つがある。かつては空気ブレーキのみであったが、ブレーキ性能向上および省エネルギーのために電気ブレーキが積極的に使用されるようになった。その意味では、前項のプロパルジョンシステムとブレーキシステムは表裏一体の関係にあり、ブレーキ力は空気と電気を組み合わせて制御される。もちろん、非常ブレーキは電気ブレーキ故障のリスクを考慮し、空気ブレーキのみとしている。

非常時に最高速度から安全に停止できるように空気ブレーキおよび機械部分を設計する。すなわち、ブレーキ距離が要求仕様を満たしているか否かの他に、

車輪踏面あるいはブレーキディスクの温度上昇が限度内であることを検証する。

プロパルジョンシステムの設計条件にもよるが、一般的には、高速域の電気ブレーキ力は小さく、機械ブレーキの分担割合が高くなる。すなわち、高速域では発電機として使用する電動機の回転数が高く、電圧が高くなるので、インバーターから電源側に帰す電力を大きくすることができない。車両性能として高速性能を要求すればするほど、機械ブレーキの性能を高める必要が大きくなる。

空気ブレーキのパワー源となる空気圧縮機として、レシプロ式（ピストンシリンダー式）、スクロール式およびスクリュー式の三つがある。レシプロ式が主流であったが、騒音振動が大きく、保守にも手がかかるのでスクロール式やスクリュー式が使われるようになってきた。しかし、スクロール式やスクリュー式は圧縮機内の潤滑油の循環を必要とし、稼働率が低いと故障の原因となるので、稼働率を一定以上とする必要がある。また、熱帯での使用実績も乏しいので、採用に当たっては、事前のチェックが必要となる。

空気ブレーキに関し、空気だめおよび圧力計は現地の労働安全衛生法および計量法の規定に抵触する恐れがあり、設計、製造および保守に関係するので、チェックが必要である。日本では労働安全衛生法に圧力容器の規定があり、計量法に圧力計および速度計の規定がある。

空気ブレーキシステムは、ウェスティングハウスおよびクノールの二つのグループがあり、それぞれの販売ネットワークを有している。したがって、相手国内でいずれのグループのものが使われているか、保守用部品の供給体制も含めた事前調査も必要となる。

6.2.9 補助電源システム

補助電源装置は、制御回路、空気圧縮機、冷房装置、照明などの電源であり、電車線電圧直流1500Vから三相交流440Vあるいは380Vに変換するものである。一部は制御回路や非常用電源として直流72Vあるいは110V[10]に変換する。非常電源は、蓄電池の浮動充電回路にも接続され、電車線停電時のバックアップ電源となる。交流にあっては25kVから単相440Vあるいは380V等の低電圧に変換される。補助電源の電圧と周波数は、現地の商用電源と同じものにす

---

[10] IEC 60077-1 Railway applications–Electric equipment for rolling stock – Part 1: General service conditions and general rules

ることが望ましい。異なるものでは、保守基地で試験のための電源設備が必要となる。

熱帯地方では冷房装置が止まると乗客の苦痛をもたらすので、補助電源装置は二重系として、停電の機会を少なくする必要がある。

6.2.10 情報管理システム

列車内の情報管理システムとしてコンピューターネットワークが使われている。個々の機器は内蔵されたコンピューターを使用したそれぞれのモニター機能や自己診断機能を有しており、列車全体としての情報管理システムとそれぞれのデータを交換することによって、列車全体の情報管理を行う。機器のモニターのみならず、車内環境、乗客重量などの情報も集約して、列車全体の快適性や力行・ブレーキ制御にもつなげている。情報管理システムは、無線システムと繋がり、列車の機器の状態をオンラインで車両基地に送ることも行われている。

情報管理システムは各メーカーが独自に開発しており、統一した規格は無い。シーメンス社のシステムをベースとしたIEC規格が制定されたが、それに対抗するアルストーム社の規格も並行してIEC規格となった。一方、日本も各メーカーが独自に開発し、統一規格として制定されるに至らなかったので、それぞれがJRISとして制定されている。これらはデファクトスタンダードであり、いずれを採用するかは、施主と請負者の合意による。

6.3　電力供給システム

電気鉄道の供給電圧として、日本では、直流600V、直流1500V、交流20kV/50または60Hz[11]、および交流25kV/50または60Hzが使われている。しかし、海外プロジェクトでは、既存の電化区間に合わせる必然性がなければ、IEC規格[12]で標準とされている電圧を採用する必要がある。直流750V、直流1500V、直流3000V、交流25kV/50Hzである。それぞれ公称電圧であり、最低・最高性能保証電圧が規定されている。この性能保証電圧は、国内規格とは異なることに注意しなければならない。

---

[11] 交流電化の初期に国内の配電線電圧に準拠して採用されたが、国際規格にはない。
[12] IEC 60850 Railway applications–Supply voltages of traction system

6.3 電力供給システム

電力会社送電線から受電して、き電変電所[13]で所定の電圧に下げ、そのまま交流あるいは整流器で変換した直流を電車線経由で列車に供給する。

電力系統の監視および管制システムとして、電力SCADA（Supervisory Control and Data Acquisition System）も電力供給システムの一部として採用される。これは鉄道システム内のSCADAのみならず、電力会社のSCADAとのインターフェースも考慮しなければならない。

ここでは、変電、配電および電車線を一つのシステムとして考察する。

6.3.1 受電変電所

電力会社の送電線（220kV, 154kV, 110kV 等）から受電変電所に電力ケーブルを接続する。ケーブルルート、接続条件、電力会社の監視システムであるSCADAとのインターフェースについて、電力会社と協議し、ケーブル敷設費用と施工業者も決める。ケーブル敷設費用はプロジェクト側で負担する。

鉄道システムの冗長性を確保するため、受電変電所は複数とし、受電変電所で降圧した33kVあるいは22kV電源ケーブルは、受電変電所相互で接続し、一つの変電所がダウンしても、他の受電変電所で給電可能とする。すなわち、一つの変電所がダウンしても、残りの変電所で給電可能なように個々の変電所の容量を決める必要がある。一つの変電所の遮断器や受電変圧器は複数組として、1組を待機予備として、1組がダウンしても残りの組で電力供給可能とする。遮断器や変圧器は注文製作なので、故障すると代替品の発注、製作等に数か月乃至年単位の時間がかかるので、最初から冗長系とし、機器の故障による鉄道運行への影響を最小限とする必要がある。また、受電変電所への電力ケーブルは二つの独立したルートとして、ケーブル切断リスクに備える。

海外では、電力供給が不十分であり、停電もしばしば起きるので、運転用電力の他、信号・通信等の鉄道運営に係わる電力は受電変電所から供給することが望ましい。駅や保守基地のサービス電源も、電力会社から直接受電する一般電源よりも受電変電所からの供給が望ましいが、全体のコストを考慮して選択することとなる。あるプロジェクトでは、交流電車線から受電し、単相変圧器で降圧して使用している例もある。

なお、受電電力の電圧変動、周波数変動がIECの規定を超える場合もある

---

[13] 英語ではTraction Substationというが、日本語では鉄道変電所などの言葉が使われている。

ので、現地の電力事情を予め確認して、電力設備や車両の仕様書を作成する必要がある。電気鉄道用変電所は、負荷の力率および高調波が受電側に影響するので、力率および高調波の制限についての確認が必要である。

6.3.2 き電変電所

交流電化では、き電変電所の間隔が30～50kmと大きいので、受電変電所とき電変電所を同じ敷地に設ける。直流電化のき電変電所の間隔は、1500Vで3～10km、750Vで1～3kmとなる。したがって、受電変電所を沿線に2または3箇所設け、受電変電所の下に複数のき電変電所を配置する。受電変電所から33kVまたは22kVの三相交流ケーブルでき電変電所に電力を供給する。この三相交流ケーブルは、ループ状に全ての受電変電所とき電変電所をつなぎ、1箇所が切断されても、残りのルートで給電可能とする。ケーブルルートは物理的に引き離し、同じケーブルトラフに収納しないようにする。これにより、ケーブルトラフが火事などで損傷しても、他の健全なルートが使える。

き電変電所の変圧器や整流器の容量は、上記の受電変電所と同様、隣接する変電所がダウンしても、必要な電力が供給できるように設計する。き電変電所の容量と配置は電力フローシミュレーションにより、1変電所ダウンの条件で最大負荷時の電圧降下を検証した上で決める必要がある。受電変電所で述べたように、変圧器と整流器のユニットを複数として一組を待機予備とした冗長性を持たせることが望ましい。これらは、入札図書に要求事項として明確に記述しなければならない。

直流電化では、省エネルギーのため車両に電力回生ブレーキを設け、ブレーキ時のエネルギーを電力に変換して、電車線に返すことが行われている。同時に走行する列車が多ければ、回生電力は他の列車で使用されるが、列車本数の少ないときは、き電変電所にインバーターを設けて、回生電力を交流に変換して、電源側に戻す。回生電力に高調波が含まれることから、電力会社は電力料金を相殺しないことが多い。この場合は、後述のサービス電源として消費することとなる。

信号通信機器室や駅の設備機器への電源は、き電変電所から供給する場合、三相交流11kVまたは6.6kVで機器室または駅のサービス変圧器まで供給し、そこで三相交流440Vまたは380V、単相交流220Vなどに降圧する。低圧電源の電圧は、それぞれの国で一般的に使われているものとする。

受電系統を冗長系としても、電力供給が絶たれることが想定され、地下駅やOCCのように、非常時の電源として、ディーゼル発電機を設ける。ディーゼル発電機の容量を抑えるため、トンネル吸排気装置、排水ポンプなど停電時に供給しなければならない負荷を予め指定する必要がある。非常照明および放送装置は、UPSで一定時間機能させる。UPSで給電可能な時間は現地の法令、防災計画等と整合をとって決める。

6.3.3 電車線

第三軌条を除いて、交流、直流とも架空電車線からパンタグラフで集電する。電車線の種類および構成は関連図書を参照されたい。近年は、保守作業軽減のため吊架線とフィーダーを兼ねたフィーダーメッセンジャカテナリー（Feeder Messenger Catenary System、FMS）が採用されている（写真6-14参照）。列車運行頻度と本数が多い場合は、フィーダーを2条として電圧降下を少なくしている。しかし、2本のフィーダーと1本のトロリー線を敷設するには技術を要することから、発展途上国での施工には注意が必要である。FMS採用の場合は、敷設前の訓練およびデモンストレーションの場所と期間を用意することが望ましい。

電車線を構成するフィーダー線、トロリー線および吊架線の太さや材質は、通電電流により決まる。現地の設置条件を考慮して電車線を支える電柱やブラケット、碍子を選定する。特別の指定が無い限り、現地で調達可能な材料を調査することとなる。

上下寸法の制約の大きい地下区間では、アルミ導体にトロリー線を取付けた剛体架線（写真6-15参照）が採用されることがある。この場合、最高運転速

写真6-14 フィーダーメッセンジャー架線（南多摩、2014.12.31）

写真6-15 剛体架線（副都心線渋谷駅、2009.09.27）

度は 80km/h に制限される。

ここで注意しなければならないのは、感電と盗難対策である。

感電対策は、国土交通省令解釈基準や IEC 規格[14]に基づいて接地線などを設計する。IEC 規格では接触電位を規定しており、レールを接地する場合もある。国内は信号に軌道回路を多く用いており、迷走電流による信号機器の誤動作を防ぐために、レールは接地しないのが一般的である。海外はクロスボンドを設置して信号電流と帰電電流あるいは接地電流を分離している。この設計思想の違いは、ヨーロッパ式の技術に親しんでいる施主やコンサルとの議論の種となり、日本の考え方を論理的に説明する必要がある。

盗難対策は、国内では余り考えられないが、海外では重要である。レールボンドやき電線等を盗まれて、開業が遅れたケースもある。レールの接地線を銅線ではなくスチールバーとしたり、フィーダー線を銅ではなくアルミワイヤーとしたりして盗難のリスクを少なくしている。き電変電所からのき電線等もスチールカバーで露出しないようにすることが求められる。国内の設計をそのまま海外に適用することはできない。

6.3.4　電車線とパンタグラフ

多くの試行錯誤を経て現在のパンタグラフで集電するシステムが確立した。電車線のトロリー線にパンタグラフ上部の摺板（すりいた）を接触させて集電する（写真 6-16 参照）。トロリー線もパンタグラフも力学的には質量とばねの組み合わせであり、列車の走行に伴って、相互に振動し、その振動を如何に抑制して安定した接触を得るかが問題である。トロリー線の張力とパンタグラフの押上力がキーとなる。

日本は、トロリー線の張力を在来線では 9.8kN、新幹線では 19.6kN とし、パンタグラフの押上力を公称静的押上力で在来線電車 59N、新幹線電車 54N[15]としている。電車列車にあっては、一つの列車に複数のパンタグラフが搭載され、それぞれの相互干渉を小さくするため、トロリー線を強く張って、パンタグラフの押上力を小さくしている。一方、ヨーロッパは、一列車のパンタグラフ数が一つまたは二つと少ないことから、160km/h 以下の鉄道では 10kN、高

---

[14]　IEC 62128-1 Railway applications – Fixed installations – Electrical safety, earthing and the return circuit – Part 1: Protective provisions against electric shock
[15]　JIS E6302 鉄道車両用パンタグラフ

6.3 電力供給システム   133

写真 6-16 パンタグラフと電車線、JR 東日本 EV-E301 系
(烏山、2015.03.31)

速鉄道では 15kN（230km/h 以下）または 27kN（350km/h 以下）[16] とし、パンタグラフの押上力を 70〜120N[17] と大きくしている。

相手国の電化技術がヨーロッパ起源であれば、ヨーロッパ式に合わせる必要がある。全く新規の電化プロジェクトであっても、施主はヨーロッパ技術との比較を求めてくるので、日本式が何故有利かを説明する必要がある。パンタグラフと電車線に関しては、JIS E6302 だけではなく、関連 IEC[18] もチェックすることが望ましい。

6.3.5　第三軌条

第三軌条は、東京地下鉄銀座線や丸ノ内線等（写真 6-17 参照）に採用され、その後の新線は直流 1500V の電車線となっている。第三軌条は古くさいとのイメージがあるが、ヨーロッパ各都市の地下鉄は今でも第三軌条で建設されているものが多い。日本の集電レールは鉄であるが、最新のものはアルミ導体と

---

[16] Siemens 社カタログデータ
[17] Faiveley 社カタログデータ
[18] IEC 60494-1 Railway applications–Rolling stock–Pantographs–Characteristics and tests-Part 1: Pantograph for mainline vehicles（MOD），IEC 60494-2 Railway applications–Rolling stock–Pantographs–Characteristics and tests-Part 2: Pantograph for metros and light rail vehicles（MOD），IEC Railway applications–Current collection systems–Technical criteria for the interaction between pantograph and overhead contact line（to achieve free access）

写真 6-17 第三軌条、東京地下鉄丸ノ内線（茗荷谷、2009.09.27）

ステンレスの複合材であり集電靴との接触部はステンレスとして耐久性を向上させ、アルミ導体により電圧降下を抑えている。円形断面のトンネルであれば、電車線の設置空間を確保できるが、箱形断面のトンネルでは電車線の分だけトンネルを大きくしなければならなくなる。したがって、建設費を抑えるためには第三軌条が有効である。また、高架区間において、最近はスマートなU形桁が採用されることがある。従来から使われている箱形桁に比べ、桁の断面積が小さく、剛性が低くなるので、電車線柱設置には配慮が必要となる。第三軌条では問題が少ないと思われる。

6.3.6 漏えい電流と電触

直流電化区間では、電車線あるいは第三軌条から車両に供給された電流は、レールあるいは負き電線を通して帰線電流として変電所に戻る。レールが大地から完全には絶縁されていないので、帰線電流が構造物あるいは地中に漏れ出す。これを漏えい電流（あるいは迷走電流、Stray current）といい、地中に埋設されている金属構造物あるいは管を通して流れ、そのときに金属内部から金属原子を外部に流出させる。これを電触といい、如何に抑制するかが課題である。

国内の鉄道施設の設計・施工の基準は経済産業省の「電気設備に関する技術基準を定める省令」ならびに国土交通省の「電気設備に関する技術基準を定め

る省令」にあるが、詳細はそれぞれの鉄道事業者が国土交通省に届出た社内規程で規定する仕組となっており、海外プロジェクトでそのまま使うことはできない。結果として、IEC[19]、IEEE あるいは EN 規格によらざるを得ない。

かつてのヨーロッパは漏えい電流対策として、軌道の下に集電マット（Stray current collection mat）を設け、漏えい電流監視システムを設けることを推奨していた。国内ではレールは大地から絶縁されているとの考えから、集電マットは採用されていない。トンネル内のように常に湿潤状態にある区間では負き電線が設けられている。コンクリート道床の上に防振材とまくらぎでレールを支持する軌道構造が採用されるようになり、レールと大地間の絶縁はさらに高まっている。必要に応じて、レールと大地間の絶縁抵抗を測定し、問題があれば、抵抗の低い箇所を特定し、防振材を取り替えている。

6.4　信号システム

信号システムは列車運行の安全に無くてはならないものである。信号システムの基本機能として、列車の位置検知、列車同士の追突や衝突防止および駅や車両基地構内の分岐器と信号機の誤動作防止があり、近年は、列車の運行管理も含まれるようになった。

6.4.1　列車位置検知

列車がどこにいるかを検知するため、閉そく区間の考え方が採用されている。一つの閉そく区間には一つの列車のみ進入できるというのが基本である。

閉そく区間内の列車在線の有無を検知するため、軌道回路が多く用いられている。軌道回路は線路を閉そく区間として数十乃至数百メートル単位で絶縁し、両方のレールに電圧を加え、当該区間に列車があれば、車輪と車軸でレールを短絡して電流が流れるので、この電流検知によって列車検知を行う。軌道回路に直流や商用周波数の交流が用いられたこともあるが、軌道回路電流と走行用電流とを区別しなければならないので、商用周波数よりも高い周波数の交流を用いている。特に、自動列車制御システムのように軌道回路電流に重畳した変

---

[19] IEC 62128-2 Railway applications–Fixed installation–Electrical safety, earthing and the return circuit–Part 2: Provision against the effects of stray current caused by d.c. traction systems

調波で情報を伝送するものは、数 kHz 以上の高周波（Audio Frequency、AF）を使っている。車両のインバーター装置などに高調波が含まれているので、それらと干渉しないように周波数が選定される。逆にいえば、車両側の高調波は信号に影響しないように制御される。軌道回路の境目には、インピーダンスボンドを設けて、走行電流は通すが、信号電流はブロックしている。また、分岐器はレールが複雑に交差しているので、絶縁継目をきめ細かく挿入する必要がある。

　日本の信号システムは上記の軌道回路を使用しているが、ヨーロッパ等では、閉そく区間の入口と出口に車軸カウンターを設け、入口のカウンターと出口のカウンターが一致している場合には列車が在線していない、不一致の場合は在線していると判断する。カウンターの情報伝送および記憶装置が必要であるが、線路を絶縁する必要がなく、軌道回路のための電源やケーブルが不要となる。ただし、長時間の停電でカウンターのデータが消去されると、個々の列車位置を列車無線などで確認する必要がある。また、列車制御のための情報伝送路は別途設ける必要がある。

　デジタル無線技術の発達により、無線による伝送データ量、信頼性および安全性が飛躍的に向上したので、無線を後述の列車制御と合わせて列車の位置検知に用いるようになってきた。車両側の車軸に設けた速度発電機から走行距離を演算して位置情報を基地局に伝送する。車輪径の差による誤差を補正するため、線路のところどころにトランスポンダーを設置し、そこを列車が通過したときに距離の補正を行って精度を上げている。

6.4.2　列車制御

　列車の追突や衝突防止のため、列車のブレーキを自動的に制御する列車防護システムは、地上の信号機の情報を車両に伝送する方法として、トランスポンダーあるいは地上子、軌道回路あるいは無線がある。

　トランスポンダーまたは地上子を使う方式は点制御ともいい、信号機の手前で情報を受け、それに基づいて列車のブレーキを制御する。地上設備や車上設備は比較的安価であるが、情報受信後の状況変化、例えば、先行する列車がさらに先に進んでブレーキをかける必要がなくなっても、ブレーキ動作を継続し、きめ細かい制御ができない。列車を自動的に停止させるという意味で ATS（Automatic Train Stop）という。ただし、この ATS は和製英語であり、後

述のATS（Automatic Train Supervision）システムと混同しないため、以下ではATCの機能も含めたATPに統一する。

　軌道回路に信号波を重畳させた電流を流し、車両はそれを受電し、信号を判別し、ブレーキ制御を行う。アナログ伝送では情報量に限りがあり、制限速度などに限られていた。きめ細かい制御を行うためには、軌道回路を細分化しなければならなかった。デジタル伝送技術の進歩により、情報伝送量を増やすことが可能となり、先行列車の位置、速度、線路条件（こう配、曲線）などの情報が得られるようになり、車上装置内で連続的にブレーキを制御できるようになった。これをデジタルATC（Automatic Train Control）という。軌道回路は、きめ細かな制御を行おうとすればするほど多くのケーブル（写真6-18参照）を必要とし、初期費用も保守費も高くなる。さらに、バンダリズムやテロに対しても弱点となる。

　無線技術の進歩、とりわけデジタル無線は、軌道回路に代わり無線で列車制御のための情報伝送を行うことを可能とした。無線周波数帯の割当ての問題はあるが、デジタル無線は大きな可能性を拓いた。日本国内では、仙石線での試行（写真6-19参照）を経て、埼京線への導入計画が緒に就いたばかりであるが、CBTC（Communication Base Train Control）としてヨーロッパを中心に急速に普及しつつある。地上設備が少なくなることが魅力である。

　列車制御において、列車の運行間隔すなわち最小運転時隔をどこまで詰めら

写真6-18　AF軌道回路のインピーダンスボンド（東京メトロ原木中山駅、2016.01.27）

写真6-19　無線方式ATACS採用により地上信号機のなくなった仙石線多賀城駅（2016.08.06）

れるかが一つの指標となる。ヨーロッパの信号メーカーは最小運転時隔1分30秒を武器に売り込み攻勢をかけている。ここで注意しなければならないのは、最小運転時隔は信号だけでは決まらないことであり、最小運転時隔は、車両の加減速度、閉そく区間割り、乗降時間で決まる。最も支配的な要因は乗降時間である。それに次いで、閉そく区間割りと車両の減速度が影響するが、減速度を高くすると車輪の滑走を誘発するので、自ずと限度がある。やや古い話で恐縮であるが、1979年の山手線のATC化に際してシミュレーションした結果では、加速度 $0.55\mathrm{m/s^2}$（$2.0\mathrm{km/h/s}$）、減速度 $0.65\mathrm{m/s^2}$（$2.35\mathrm{km/h/s}$）で最小運転時隔2分15秒との結果を得ている。このときは、上野～御徒町～秋葉原の区間で、乗降時間がネックとなっていた。また、ターミナル駅での折り返し時間もネックとなる。中央線快速電車では2分間隔、すなわち1時間30本で運転していたが、実際は乗降時間や東京駅での折り返しなどに余裕がなく、1時間28～29本が常態化していた。現在は28本となっている。その他の線区でも10両編成では1時間24本、すなわち2分30秒間隔が実用的といえよう。したがって、ヨーロッパの信号メーカーの前提条件を確認しなければ、1分30秒を鵜呑みにはできない。海外プロジェクトで列車運行計画と信号システムの仕様を作成する際にも注意が必要である。

　いずれにしても、AF軌道回路によるATCに固執することは世界的な潮流に逆らうことになるので、列車検知と合わせてCBTCの可能性も含めて施主と議論することとなる。なお、日本ではATS、ATCの用語が使われるが、国際的には、ATP（Automatic Train Protection）が用いられる。

6.4.3　インターロック

　駅や車両基地構内の分岐器と信号は、列車や車両の移動の安全に直接関わり、誤ったルート構成や信号の現示は事故を招く。このため、分岐器の開通方向と信号現示を、古くは機械連動[20]や継電器連動のインターロック機構で制御していた。現在はコンピューターのソフトウェアによるインターロックシステムが用いられている。

　機械や継電器ではインターロックの機構を直接確認することができるので、

---

[20] かつては腕木式信号機と分岐器の転換を信号扱い所からワイヤーで行っていた。このため、信号現示と分岐器開通方向を機械的なインターロック機構で制御していた。分岐器開通方向と異なる進路を取ろうとすると、信号機へのワイヤーが動作しないようにしていた。

設計が正しいか否かのレビューも目に見える形で行われた。しかし、ソフトウェアによるインターロックシステムでは、最終成果物であるソフトウェアが正しく作られたか否かを確認することが難しい。試験を行うにしても、試験方法が適切か否かを判断することは難しい。そのため、信号関連ソフトウェア作成に係る EN や IEC[21] が制定されている。

6.4.4 運行管理

国内、海外を問わず運行管理を一元的に行うのが一般的である。そのため列車運行管理センター（Operation Control Centre、OCC）が設けられる。列車運行モニターシステム（Automatic Train Supervision、ATS）が開発されており、運行監視、自動ルート設定、時刻表提示などの機能が用意されている。どの機能が必要かは施主と協議して決めることとなる。OCC には ATS の他、通信設備、設備管制システム（Facility SCADA）や電力管制システム（Power SCADA）も設ける。なお、指令卓の使用言語も英語のみとするか、現地語も対応するかも課題である。また、将来、どこまで拡張するかも、施主の将来計画と合わせて確認する必要がある。これは、仕様書の中に明記することとなる。

上記設備の仕様決定に際し、具体的な運転取扱システム、要員配置、駅とOCC との役割分担、人間機械系デザイン（Human Machine Interface、HMI）等について、運転取扱規則制定と合わせて関係者間で議論し、施主あるいは運行主体の合意を得なければならない。

6.4.5 RAMS と SIL

信号システムの安全性認証に IEC 62278 に規定する RAMS と IEC 61508[22] に規定する SIL（Safety Integrated Level）は欠かせない。国内ではそのような要求がないので、海外案件でも除外してほしいという声がある。しかし、国土交通省令や解釈基準、JIS では安全性を証明することができない。特に信号シ

---

[21] IEC 62425 Railway applications – Communication, signalling and processing systems – Safety related electronic systems for signalling および IEC 62279 Railway applications – Communication, signalling and processing systems – Software for railway control and protection systems

[22] IEC 61508 Functional safety of electrical/electronic/programmable electronic safety related system

ステムがソフトウェアで構成されるようになった結果、実績があるから安全とはいえなくなっている。似たようなシステムであっても、プロジェクトの使用条件、環境条件に対応したカスタマイズが行われるので、全く同じシステムとはいえない。このため、RAMS 計画および報告書作成、第三者認証、SIL 認証が求められる。施主も請負者もこのような安全認証制度で、設計〜製作〜設置〜運用の全プロセスでの安全を担保することができる。いい換えればこれらドキュメントが施主と請負者を護るもとになる。仮に事故が起きてもドキュメントで事故原因のトレースも可能となる。

RAMS は英国規格から EN、IEC[23] へと発展してきており、その基本的考え方は ISO 9000 シリーズと類似したものがある。要求条件を明確にし、それをどのように設計、製造、運用、保守、廃棄するかの手順について、ドキュメントで一つ一つ確認していく。一度作成すれば、手順は変わらないので、対象システムのデータを置換えることで対応できる部分が多い。ヨーロッパ企業は 1992 年の市場統合と国鉄改革のときに、RAMS およびセーフティケース作成に多くの経験を積んでいる。このような事前安全計画の仕組は、英国国鉄等の経営改革で職を失った技術者達が RAMS 協会を立ち上げ、MIL 規格を発展させる形でその基礎を築いた。

SIL は、IEC 61508 にシステム安全レベルとして規定されている。SIL 1 から SIL 4 まであり、高度の安全が求められる列車制御システムやインターロックシステムは SIL 4 に分類される。SIL も第三者認証が要求される。

RAMS および安全認証については第 8 章に詳しく述べる。

6.5 通信システム

通信システムは、データ伝送システム、通話システム、CCTV システム、案内放送システム、時計システム、無線システムおよび防災システムから構成される。基本的には、一般の市場に流通している製品やシステムの組み合わせなので、鉄道特有のものはほとんどない。

---

[23] IEC 62278 Railway applications – Specification and demonstration of reliability, availability, maintainability and safety (RAMS)

6.5.1 データ伝送システム

鉄道事業でデータ伝送は重要であり、データ伝送システム（Data Transmission System、DTS）が採用される。システム構成としてSDH（Synchronous Digital Hierarchy）またはOTN（Optical Transmission Network）のいずれを採用するかを決める。

DTSに接続するシステムとして、信号システム、AFC、設備管制システム等があり、どのシステムをどのように接続するかを決めなければならない。しかし、安全のため、データ伝送系は独立した系統とし、外部との接続は行わないことが基本である。インターネットにつなげば、外部からの脅威にさらされる。

データ伝送は、光ファイバーケーブルが一般的であるが、回線容量は十分なものとし、予備コアも確保する必要がある。また、ケーブルを鉄道線路に沿って敷設することとなるが、二重系のループ接続として、それぞれを物理的に離し、一系が切断されても、他のルートで、情報伝送が可能としなければならない。

6.5.2 通話システム

有線、無線を問わず、OCCと駅、保守基地等との連絡用に設ける。鉄道事業線用として、一般の電話とは別系統とする。外部との連絡用に、警察、消防などの専用回線、一般電話回線を引き込むが、それらとは接続しない。

6.5.3 CCTVシステム

駅構内、プラットホーム、駅事務室、車両基地構内、保守基地構内等必要な箇所にCCTVカメラを設置する。CCTVのモニターを何処で行うか、駅の防災管理室、駅事務室、車両の運転台、OCC等、使用目的に応じて決める。エレベーター内のCCTV設置についても、土木・建築請負者との協議が必要となる。

コストと使用目的に応じて、画像の解像度、OCC等への伝送時間などを決める。最近はデジタルカメラが普及しているので、カメラとサーバー、情報伝送路の性能から、最適なものを選定する。ただし、技術進歩が早いので、システム寿命は短く、数年毎の取り替えを提案することが望ましい。後になって、

「こんなはずでは」といわれないためにも。

6.5.4 案内放送システム

音声による旅客への情報提供、通常時、非常時の案内を行う。音声はOCCから一斉あるいは駅毎とするかはプロジェクト毎に決める。列車編成長が開業時点と将来で異なる場合、段階的投資とするか一斉投資とするかについて、他のシステムと整合をとる必要がある。

6.5.5 時計システム

鉄道運営のためには統一した時間が必要である。駅員と列車乗務員で異なる時間を表示する時計を持てば、列車の正確な運行はできない。このため、親時計を設けて、駅、OCCおよび鉄道施設内ならびに車両の時計は親時計からの信号に同期させている。親時計として原子時計のような高価なものを持つ必要はなく、親時計の整時はGPSなどによることが合理的であろう。

OCCビル屋上のアンテナでGPS時計情報を取得し、OCC内の親時計からOCC、駅および鉄道施設内のサブ親時計に時間情報を送信し、それぞれの施設内の時計に時間情報を送信する。

親時計のフリーラン精度はGPSに対し日差30ms以下、ネットワーク時間同調精度は±0.1秒/24時間、親時計からの信号がない場合の精度は1秒/日とすることが実用的であろう。

6.5.6 無線システム

国内の鉄道用空間無線はUHFやVHFを使用している。しかし、海外プロジェクトでは、無線システムとしてデジタル無線かつTETRA等の実績のあるもの、4つの独立したチャンネル（列車運行、列車内メッセージ表示、車両基地内車両移動、運転・保守）を有するものが望ましい。また、それぞれの国の電波監理局から周波数の割当てを受けなければならない。

TETRAやGSM-Rは規格化されているが、供給メーカーが異なると中央装置内部の情報処理方法が異なるので、一つの端末を共通に使うことは難しい。したがって、一つの路線では同じメーカーとするのが望ましい。しかし、TETRAやGSM-Rは開発から時間が経過したこともあり、新たなニーズに対して情報伝送量が不足している。このため、携帯電話で使われているLTEの

技術をベースとしたLTE-Rの開発も進められている。LTEはTETRAやGSM-Rのように緊急連絡等鉄道に特化した機能が無いので、そのままでは使えない。

CBTCで使われる2.4GHz帯では、沿線の機器への影響および沿線の機器からの影響を考慮しなければならない。

工事施工前に沿線の電磁波の測定を行い、鉄道システムに使用する無線アンテナの設置間隔、位置等を決める。工事完成後も鉄道によりどのような影響を外部に与えているか確認するための、電磁波の測定が必要である。これは鉄道完成後の外部からのクレーム対応にも使われる。

6.6　自動改札もしくはAFC（Automatic Fare Collection）

自動改札のアイデアの初期のものは、地下鉄博物館所蔵の東京地下鉄開業時（1927年）の自動改札機（写真6-20参照）に見ることができる。十銭の白銅貨を改札機に挿入するとターンバーのロックが外れ、回転可能となり通ることができる。ニューヨークの地下鉄も同じものであるが、出札窓口で購入したトークンを挿入する。硬貨ではなくトークンとしたことにより運賃改訂に対応できるようになっている。このようなコインやトークン投入方式は均一運賃制にしか使えない。区間制や距離比例制運賃では、乗車券に日付とともに乗車駅と運賃あるいは行き先の情報を記載し、乗車駅と降車駅でそれぞれチェックして、

写真6-20　日本最初の自動改札機（地下鉄博物館、2015.03.24）

正当な運賃を支払っていることを確認している。乗車券は契約書でもある。

6.6.1 乗車券

半世紀以上前の1970年代初めに某鉄道管理局某駅の出札窓口で実習した。その当時は硬券が一般的であり、発駅、着駅、運賃、番号等を予め印刷した切符を使用していた。切符は有価証券であり、管理局の印刷センターで印刷し、輸送および保管に特段の注意が払われていた。各窓口は、多くの種類の切符が収納庫に小分けされ、旅客の要求に合わせて切符を取り出して、日付を刻印していた。勤務開始時に売上伝票に切符毎の番号を記録し、終わりに各切符の裏面に赤鉛筆でチェックを入れ、売上伝票に番号を記載して、それぞれの売上枚数と売上高を計算する。この計算には、算盤が使われた。卓上電卓は未だ発明されていなかった時代である。集計した売上高と売上金が一致していれば、売上金と伝票を出納役に渡して終わりとなるが、合わなければ、再チェック、再計算を繰り返す。それでも合わなかったら、不足金を自弁し、余剰金は出納役に収めることとなる。この売上管理システムは英国のエドモンソンが開発し、乗車券の規格寸法とともに、日本に入ってきた。

自動券売機も、最初は予め印字した硬券を発券していたので、券種も使用可能な通貨も制限されていた。座席予約システムMARSも、駅名や列車名はゴム印であった。機械印字がゴム印から感熱紙、特殊インクによる印刷へと発展し、窓口で発券する切符も端末による機械印字となった。これら技術進歩の結果、用紙だけを補充すればよくなり、印刷センターの業務もなくなった。同時に、発券端末内のデータ集計機能により、冒頭に述べたような売上集計業務も大きく変わった。なお、磁気コードによる自動改札が実用化され、切符も裏側に磁気材料をコーティングしたものに代わった。

自動券売機（写真6-21参照）は進化し、受け取った紙幣および硬貨をカセットに収納し、釣り銭として循環するようになり、駅員が直接、紙幣や硬貨を取り扱う機会を少なくした。さらに、クレジッ

写真6-21 自動券売機
（横浜市交通局センター南駅、2018.11.11）

6.6 自動改札もしくは AFC（Automatic Fare Collection）

トカードの使用拡大と少額でのカード使用に抵抗がなくなってきたことから、自動券売機もクレジットカード対応となりつつある。これは、現金事故防止にも役立っている。

非接触式ICカードが導入され、切符もその姿を大きく変えることになった。日本では、片道乗車券や企画券は磁気コードの紙であるが、最初からICカードを導入した鉄道は、片道乗車券としてICチップを内蔵したカードやコイン状のトークンを採用している。カードやトークンには発駅や運賃情報は印字されない。

二次元バーコードの実用化に伴い、紙にバーコードを印字させて、改札機のバーコードリーダーで読み取る方式も採用されつつある。航空機やヨーロッパの長距離列車の切符もインターネット販売が主流となり、旅客は自身のパソコンとプリンターで二次元バーコード付の搭乗券／乗車券を印刷して、改札機にかざすようになってきた。これは、スマートフォンでバーコードを表示することも可能であり、チケットレスの一歩ともなる。上記のICカードシステムもスマートフォンに所定の情報を記憶させることで、チケットレスにつながる。発展途上国の携帯電話、スマートフォンは急速に普及しており、発券および運賃収受方法も大きく変わるであろう。さらには、顔認証、文字通りの顔パスも実用化され、カードや紙の切符も博物館でしか見られなくなるかもしれない。

6.6.2 非接触式ICカード

乗車券に記載する情報は、最初は印字のみであったが、乗車券裏面に磁気記録媒体を貼付し、発券時に印字と合わせ磁気コードを記憶させ、乗車駅と降車駅でコードを機械で読み取る自動改札システムが1970年代後半に開発され、1980年代後半から急速に普及した。駅の改札要員の合理化と不正乗車防止のためである。同時に、磁気カードは片道乗車券や定期乗車券のみならず、プリペイド方式の乗車券を生み出した。しかし、磁気カードは書き込める情報量の制約があり、自動改札機の読み取り機の保守も大きな負担となってきた。これをブレークスルーしたのは、ICチップとアンテナを内蔵した非接触式カードシステムである。

JR東日本はSUICAの商標名でタイプ（Type）Cカードを実用化[24]し、2001

---
[24] 交通ブックス「ICカードと自動改札」、椎橋章夫、成山堂書店、2015年

年から使用を開始した。同様のシステムは、首都圏の公営鉄道、大手民鉄に広がり、現在では日本各地で採用されている。カードの情報管理および運賃の会社間の精算の問題が関係者間の努力で解消され、いくつかの例外はあるものの、ほぼ全国規模でも使用が可能となっている。これを受けて、海外での相互利用のアイデアが出されているが、いくつかの課題があり、日本のAFCシステムをそのまま海外に展開することは難しい。

　ICチップと通信方式は現在3種類あり、いずれも国際規格化されている。日本で採用しているのはタイプCであるが、ヨーロッパはタイプA、住基ネットはタイプBが使われている。住基ネットに関しては、日本政府が住基ネットのシステム構築を決め国際調達を実施したときに、タイプCが国際規格となっていなかった。東南アジアのプロジェクトでは、タイプAとタイプCの熱い戦いが繰り広げられている。タイプCは日本オリジナルであり、通信距離が大きく取れ、情報のセキュリティが最も高いという特徴がある。ヨーロッパメーカーはタイプAはコストが最も安いと宣伝していたが、日本メーカーの努力でコスト面での差は無くなっている。最初の宣伝がすり込まれている中で、日本とヨーロッパのメーカーはそれぞれの売り込みにしのぎを削り、各都市の担当者へのプレゼンを繰り返している。したがって、コンサルとしては十分な知識を持って、最適なAFCシステムの提案を行わないと、施主からの質問に立ち往生する羽目となる。

　複数の事業者間で共通使用する場合、磁気カードもICカードも情報の記憶領域、フォーマットおよびコードを統一しなければならない。カードには、発行箇所、発行年月日時間、残高、使用開始駅などの情報が記録されており、下車駅で所定の運賃を差し引いたときに、事業者の中央サーバーを経由して精算機構のサーバーに送られ、発行箇所または現金収受箇所の口座から差し引く仕組となっている。複数の事業者に跨がる精算機構をどのように作るかは、相手国の政治・経済体制にも係わる問題であり、カード情報およびフォーマットを何処が管理するかにも係わる。

　AFCでは、乗車券をどのようにするかが課題である。ICチップを使用したカードは初期費用が高いので、片道乗車券はトークンまたはカードとして出場時に機械で回収するか、券売機で乗車券発券時に、片道運賃の他にデポジットを受けとって、下車後に精算機でカードと引換えにデポジットを返金する方法もある。前者はインド・デリーメトロやタイ・バンコク・スカイトレイン等で

採用されている。後者はシンガポールのメトロで採用されていたが、旅客から見て煩雑なので、カードの種類を変更しコストダウンした後に、デポジット方式を廃止している。片道乗車券等の発券は、自動券売機の他、有人窓口での販売がある。デリーメトロは識字率が低いこと、小額紙幣のクオリティに問題[25]があって、有人窓口での販売としている。磁気コードの乗車券は改札機のリーダー機構の保守が問題となるので、新規プロジェクトでは採用されない。一方、光バーコードリーダーと二次元バーコードを印字した紙あるいはスマートフォンの組み合わせが普及しつつある。紙切符の例として、航空会社の搭乗券や広島のスカイレール等がある。

6.6.3 券売機

券売機は、これまで現金のみの対応であったが、キャッシュレス化の流れの中でプリペイドカードやクレジットカード使用可能のものが増えている。発展途上国の場合は、運賃が低水準であり、旅客の大部分がクレジットカードそのものを利用していないことが多いので、小額紙幣のクオリティも考慮して、少額乗車券は有人窓口、プリペイドカードのような高額乗車券は券売機とするような割り切りが必要と考えられる。検銭機構と釣り銭保管および循環機構も取り扱う紙幣や硬貨の種類が増えれば大きくせざるを得ないので、対応する紙幣および硬貨の種類も慎重に検討しなければならない。また、券売機の表示画面、操作ボタン等のデザインはモックアップ等を施主もしくは事業者に示し、最終化する必要がある。

自動改札機は、確実に一人一人の通過をコントロールできるターンバックル式が広く採用されている。改札機の出口に扇状のバリアー、バタフライ式のバリアーを設け、常時はバリアーを格納して通過可能とし、非正規乗車券のときにバリアーを閉じる方式もある。日本では、バタフライ式（写真6-22参照）が多いが、海外では強引にバリアーを通り抜けることが多いので、扇状あるい

---

[25] 小額紙幣になるほど汚損や皺が甚だしく、券売機の検銭が技術的に難しい。銀行のATMは高額紙幣を扱うので、高額紙幣対応の検銭機は市場で入手可能であるが、小額紙幣はATMでの需要がないので、別途、開発しなければならなくなり、コスト増となる。同時に、小額紙幣は偽造対策が貧弱な場合が多いので、偽造紙幣を受け取るリスクがある。リスクを減らそうとすれば、疑わしい紙幣を受け付けなくなるので、何回も紙幣を挿入することになり、一人当たりの処理時間が長くなる。

写真 6-22　バタフライ式バリアーの自動改札機（京成電鉄高砂駅、2015.08.24）

写真 6-23　抑止力の強いバリアー付自動改札機（パリ地下鉄1号線エトワール駅、2012.09.16）

は抑止力の高い形状のバリアー[26]（写真6-23参照）を採用している。ただし、地下駅などで火災が発生した場合には、乗車券所持の有無に拘わらず、バリアーを開放することも要求されるので、施主の意向を確認しなければならない。

　ドイツやスイスなどは、改札機の代わりに刻印機（ヴァリデーター）を設置し、抜き打ち検札で乗客の切符をチェックし、乗車券不所持あるいは刻印なしには高額の罰金を徴収するセルフ乗車[27]のシステムを採用している。比較的旅客が少ない場合には有効だが、旅客が多くなれば、自動改札で一人一人チェックするのが効率的といえよう。なお、セルフ乗車では、目的地までの乗車券を所持することが前提であり、乗越乗車による精算は基本的に認められない。

6.7　プラットホームスクリーンドア（PSD）

　PSDは、旅客のホームからの転落防止のため、広く採用されつつある。

　かつてパリの地下鉄で採用されていたのは、列車が到着するとホームへの入口を回転扉で閉じ、駆け込み乗車を防いでいた。これも広い意味でのホームドアといえよう。

　日本で最初に採用されたPSDは、東海道新幹線熱海駅である。当時の新幹線としては異例の2面2線で建設され、通過列車の風圧から旅客を護るため設

---

[26] 逆方向からの無札入場、二人が密着しての不正入場、バリアーを飛び越して入出場があり、それらを防止するため、床から高さ2mくらいまでの扉として、正規乗車券のときのみ開き、逆方向からは開かないようにしたものもある。
[27] 交通ブックス「路面電車－運賃収受が成功の鍵となる」、柚原誠、成山堂書店、2017年

写真 6-24　ハーフハイト PSD　　　　写真 6-25　フルハイト PSD
（東急電鉄多摩川駅、2009.09.27）　　（東京地下鉄南北線王子神谷駅、2009.09.27）

置された。設置目的から、ホーム端から 2m 内側に柵とスライド式の可動扉を設け、ホーム係員が開閉操作を行っていた。柵および扉の高さは 1.2m でハーフハイト（写真 6-24 参照）と呼ばれる。

1981 年に相次いで開業した神戸新交通ポートアイランド線と大阪南港ポートタウン線は無人運転システムと合わせて、床から天井までカバーするフルハイトの PSD が日本で初めて採用された。フルハイト PSD は無人運転の新交通システムの標準となった。

東京メトロ南北線はワンマン運転を採用し、フルハイト PSD（写真 6-25 参照）を設置している。その後、設置費用の安いハーフハイト PSD が普及し、2017 年 3 月末時点で全 686 駅に設置 [28] されている。

香港やシンガポールは、地下駅の省エネルギー（冷房節約）のためにフルハイト PSD が最初に採用された。その後、高架駅では安全確保のため、高さ 1.2 メートルのハーフハイト PSD が採用されている。パリ等の無人運転地下鉄では、フルハイト PSD を採用している。

以上概観したように、世界的に PSD が普及しているが、設置の考え方は様々であり、統一する規格は国内、国際を問わず制定されていない。海外プロジェクトでは、安全や省エネルギーのために PSD の設置が求められる。PSD の計画および設計において考慮すべき点を以下にまとめた。

① **設置目的**

　　安全は当然として、省エネルギーも目的とするならば、フルハイト PSD となる。安全目的であれば、ハーフハイトとフルハイトの選択となる。

---

[28]　国土交通省資料「ホームドアの設置状況」、www.mlit.go.jp/common/001195038.pdf

IEC 62267 または JIS E3802 自動運転都市内軌道旅客輸送システム（AUGT システム）－安全要求事項は、無人運転のためフルハイトを推奨している。

② 感電防止

電気鉄道では、電車線からの誘導あるいは漏電による感電のリスクがありその対策が重要である。レールは大地から絶縁されているので、車両とプラットホームの間にはなんらかの電位差が生じる。履物は一種の絶縁物となるので、旅客の乗降に際してその電位差が問題となることは少ない。しかし、PSD と車両の間を手などで短絡すると、電位差によっては感電のリスクがあるので、PSD きょう体および扉本体をプラットホームから電気的に絶縁する必要がある。そのため、PSD きょう体をホームに固定する部分には絶縁材を挿入し、乗降口部分のホーム床面も絶縁している。PSD きょう体表面にも絶縁塗料を塗布している。

交流電化区間では、PSD きょう体とレールは VLD（Voltage Limit Device、電圧制限装置）を介して電気的に接続し、交流架線からの誘導電位に対応している。

海外案件では、IEC 規格でレールの接触電位を 120V 以下にすることが義務付けられており、レールを積極的に接地している。

③ フルハイト PSD

南北線に採用されたフルハイトは、上部を開放し、列車走行空間と空気を流通させている。このため、消防法上は一体の空間として換気や消火設備を設計しなければならない。扉や壁への列車走行風の影響は少ない。

省エネルギー目的の PSD は、床から天井まで列車走行空間と隔離しなければならない。これにより、列車走行空間にプラットホームから独立した換気設備を設けるとともに、列車の走行風に耐えるように壁および扉の強度を設計する必要がある。

上記いずれの場合でも、プラットホームを開放的な空間とするため、壁や扉にガラスが使用される。ガラスについては、強度、火災への耐性および破損した場合に旅客に危害を及ぼさない対策も求められる。

④ ハーフハイト PSD

フルハイトに比べ低コストなので、広く普及している。ヨーロッパはフルハイトが主流なので、ハーフハイトは日本の得意技ともいえよう。

屋外に設置されることが多いので、IP等級を指定する必要がある。IEC 60529またはJIS C 0920電気機械器具の外殻による保護等級（IPコード）で規定され、一般的にはIP65以上が要求されるが、現地の気候条件によっては、さらに厳しいものも必要となることがある。ちなみに、IP等級の1桁目は防塵性能を示し、0から6まであり、0は無保護、6は粉塵が内部に侵入しないとしている。2桁目は防水性能を示し、1から8まで規定され、1は落下する水に対する保護、8は水没に対する保護を規定している。したがって、IP65は粉塵の侵入を防ぎ、噴流水に対して保護することを要求している。

⑤ ハザード分析

規格がないので、ハザード分析を行って設計、製作、設置の安全性を示さなければならない。国内案件であれば、施主の仕様書のみで済むが、海外案件では、全ての局面で安全性や信頼性を証明するドキュメントが要求される。事後安全計画ではなく、事前安全計画の考え方が採用されているからである。そのため、入札仕様書で請負者にハザード分析やIEC 62278に基づいたRAMS計画の提出を要求することとなる。

ハザード分析あるいはRAMS計画においては、個々の部品あるいは機器の故障率などのデータを使用することなるが、これらデータについて、第三者認証あるいはメーカーによる規格適合証明を必要とする。残念ながら、国内で使用されている部品や機器について、国内市場ではそのような認証が求められていない現状では、そのような認証あるいは証明を得ることが難しいので、海外製品を使わざるを得なくなる。あるいは、最終の安全確認を乗務員または駅の係員により行うことで、システム全体の安全レベルを確保する考え方もある。

安全認証の具体的課題については第8章を参照されたい。

6.8　設備管制システム

地下駅をはじめとして鉄道の設備が増え、それらを一元管理するため、設備管制システム（Facility SCADA）を導入するケースがある。システムの基本は電力SCADAと同じであり、ビル管理システム（Building Automation System、BAS）と通信とのインターフェースおよび運用方法について留意す

る必要がある。

6.9 車両基地

車両の留置と保守のために、車両基地を設ける。当該プロジェクトの営業距離と車両数によるが、延長20km程度の路線では、保守のための車両基地は1箇所、留置線は1または2箇所必要となる。留置線のうち1箇所は車両基地と同じ敷地に設けることが一般的である。駅に夜間停泊させ、始発電車に備えることも行われる。

6.9.1 車両の保守

車両の保守は、日本のシステムでは、表6-1に示すように、定期的に行う仕業検査（列車検査）、交番検査（月検査）、要部検査（重要部検査）、全般検査および臨時検査がある。検査名称はJRのものを示し、括弧内は民鉄のものである。車両基地はこれら検査を行う設備を有する。走行する期間あるいは距離をベースに定期的に各種検査を行うシステムを定期検査方式という。これは、部品の劣化状態をチェックして故障する前に交換するので、予防保全方式ともいう。国によっては、予防保全ではなく、故障したら修理する事後保全方式を

表6-1　車両の検査

検査種別	周期	検査項目	記事
出区点検	車両基地または留置線出発時	列車各部の点検、ブレーキ試験など	乗務員が実施
仕業検査（列車検査）	48時間以内	車両各部の点検、動作確認	
交番検査（月検査）	30日または3万km以内	車両各部の点検、機能検査、パンタグラフすり板、ブレーキライニングなどの消耗品交換	消耗品交換については発生の都度
要部検査(重要部検査)	4年または60万km以内	主要部分（台車、輪軸、電動機、ブレーキ装置、集電装置、ATP、冷房装置など）の検査	
全般検査	8年以内	車両全般にわたる検査	
臨時検査	定めなし	必要に応じた措置	

採用している。

　国土交通省令は検査種別と周期を表6-1のように規定している。しかし、JRなどは新形式車投入に合わせて、周期と検査内容を見直しているが、その内容は公開されていないので、基本的には省令をベースに検査計画を策定する。

　定期検査予防保全方式は、検査あるいは修繕に割く列車編成や時期を予め計画できるので、予備車を最小限にできる。一方、事後保全方式は、故障の兆候が現れるまで列車を使用し、場合によっては複数の列車が同時に故障することとなるので、予備車を多く保有することになる。鉄道では予備車が稼働可能であっても、季節波動により多くの需要が見込める場合を除いて、増発してより多くの旅客を輸送して収益を上げることは難しいので、予備車を多く保有することは、資産を寝かすことになる。検査周期をなるべく長くして、故障を少なくし、予備車を最小限とすることが常に求められている。ここに保守のデータ収集と分析が重要となる。

6.9.2　保守設備

車両の保守設備としては、次のものがある。

① **仕業検査、交番検査のための検査線**

　　列車を編成のまま留置し、床下機器、運転室、客室および屋根上機器の点検を行うため、ピット線および屋根上点検足場を設ける（写真6-26参

写真6-26　列車検査設備（伊豆急車両基地、2015.05.23）

照)。機能確認は電車線から車両に給電して行うため、電車線を設けるが、外部とは電気的に区分し、屋根上作業時には断路器で電源をカットできるようにする。この場合、断路器と屋根上点検足場へのアクセス扉にインターロックを設けて安全を確保する。

車両の情報管理システムへのアクセス端末、工具用圧縮空気および電源コンセントを設ける。

ATPおよび車上無線機器の動作確認のため、必要なアンテナおよび軌道回路を設ける。

冷房装置やパンタグラフの交換頻度が低いことを考慮して、交換が必要な場合は、天井クレーンが使える別の線に移動させる。電車線を可動架線とすることは、初期コストが増加し、保守も必要となるので、避けることが望ましい。

検査線が何本必要かは、列車本数と検査周期および作業時間から計算し、若干の余裕を見込む。

仕業検査は概ね1時間、交番検査は概ね8時間必要であるので、検査は朝のピーク時間帯を外し、夜間作業も行うことで、使用可能編成数を増やすことができる。

② **要部検査および全般検査のための設備**

列車は基本的には1両ずつ分離し、検査を行う。作業フローを作成して、作業の種類、順序、内容を明確にする。

車体と台車の分離、主要な機器の取り外し、取り付けを行うため、リフティングジャッキ、天井クレーン等を設ける。分離した車体をリフティングジャッキの上に置いたまま、あるいは仮台車に乗せて所定のスペースに移動する。車両の分離を行わない場合は、編成全体をジャッキアップする(写真6-27参照)。

機器の分解、洗浄、検査、組立および試験の一連の作業を行うため、作業フローに沿って必要なスペース、洗浄機、分解組立装置、試験機を配置する。機器の分解から組立・試験まで一連の作業を外部に委託する場合には、車体の留置スペースのみが必要となる。

組立後の車両の軸重および輪重のアンバランスをチェックするため、検査線に輪重測定装置を設ける必要がある。台車構造によっては、厳密な輪重アンバランスを管理する必要は無い。

写真6-27　車体ジャッキアップ装置（マニラMRT車両基地、2009.06.25）

　都市鉄道用車両はステンレスやアルミ車体で無塗装とすることが一般的なので、車体の塗装設備は不要であるが、台車や機器の塗装設備は必要である。塗料によっては、現地の労働安全関連法令などで設備の要件を定めていることがあるので、確認が必要となる。

　JRのように1箇所で数千両単位の電車を検査する場合、台車や主要機器を検査済の予備品と交換することで検査期間を短縮している。この方法は検査用予備品を用意しなければならないことと、短時間に多くの人手をかけることから、100乃至200両程度の規模であれば、メリットはない。むしろ全体の検査期間を適切に確保することにより、少ない要員を効率的に使うことができる。検査期間を短縮して予備車を生み出しても、検査要員の稼働率が下がり、予備車運行で収益を上げることは難しい。

　車両数、検査周期、作業時間、作業日数から必要な検査設備のキャパシティを算定する。車両数が200両程度であれば、要部検査と全般検査設備を共用として、コストを抑える。

　要部検査および全般検査のための時間は比較的長いので、要部検査、全般検査いずれの検査でも検査時間を長くして、作業の平準化、すなわちピーク要員を少なくすることが望ましい。人手をかけて検査時間を短くしても、検査中の使用可能編成数は1本減であり、検査の増減に合わせて列車運行本数を調整することは難しい。

③ **臨時検査設備**

上記の定期検査以外に発生する機器交換、車体の損傷などに対応する設備である。レール、天井クレーンの他、特別な設備は設けず、作業用足場、フォークリフトなどで柔軟に対応することが求められる。

様々な用途に使え、車両の大規模更新のための、配管、ケーブル交換、内装更新などにも使うことができる。

④ **車輪の削正設備**

ブレーキ動作時の車輪の滑走、急曲線通過に伴う車輪フランジ摩耗などで、車輪踏面を旋盤で製造時と同じ形状に削正する必要がある。いちいち台車を車両から分離し、車輪・車軸（輪軸）を取り出して旋盤で加工するのは手間と時間がかかるので、車両に取付けたまま車輪踏面を作成する在姿車輪旋盤（写真6-28参照）が広く用いられている。ピットを設け、在姿車輪旋盤を設置する。

在姿車輪旋盤で車輪を削正するためには、車両を無動力とし、入換動車で移動する。

⑤ **試運転線**

要部検査もしくは全般検査後、動作・機能確認のため、試運転線で走行試験を行う。試運転線の長さの制約から、最高速度までの試験はできないので、30乃至50km/hまでの試験を行い、誤結線や機器の取り付けミス

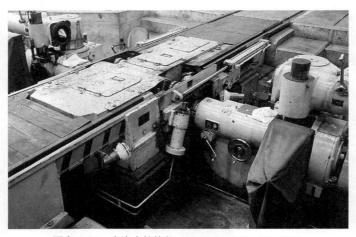

写真 6-28 在姿車輪旋盤（伊豆急車両基地、2015.05.23）

写真 6-29　車体洗浄装置（JR 東日本車両基地、2017.01.18）

などの無いことを確認し、その後は本線で最高速度までの加速試験、最高速度からの減速試験などを行う。

試運転線では、無線や ATP の機能確認も行うので、それに対応した信号・通信機器も設置する。

⑥　**車体洗浄装置**

車両の通過に合わせて、回転ブラシで車両側面を洗浄する（写真 6-29 参照）。洗剤は環境規制に沿って選定する必要がある。洗浄した水は回収して、排水処理プラントで浄化する。車体前面を洗浄する機械もあるが、複雑な機構となり、コストや保守で課題がある。人件費の安い新興国では、手洗い洗浄の方が確実といえよう。

⑦　**車体洗浄線**

上記の機械洗浄のみでは、細かいところの汚れが残るので、定期的に手洗い洗浄することが望ましい。そのため、作業足場と水栓を設けた洗浄線が必要となる。なお、作業足場には安全柵、感電防止設備を設けなければならない。また、この車体洗浄線は、車体洗浄装置が故障したときのバックアップにもなる。

⑧　**入換動車**

車両基地内で、電車線のない在姿車輪旋盤への移動、分割され、自力走行できない車両の移動を行う。ディーゼル動力あるいは蓄電池動力の小型機関車である。

⑨ **排水処理プラント**

車両基地内で発生する洗剤や油脂を含む排水を処理し、下水道あるいは河川に放流できる水質とする設備である。雨水は基本的には別の排水管で基地外に直接排出される。

⑩ **資材倉庫**

車両や設備機器の保守に必要な資器材を保管する。保管する資材の種類が多ければ立体倉庫も設けられる。レールやまくらぎ等は屋外に保管される。資材倉庫に保管されるものの盗難のリスクがあるので、管理人の配置、施錠およびCCTVによる監視等を考慮する必要がある。

⑪ **危険物保管設備**

発火の危険のあるもの、有害物質などを保管する設備を設ける。現地法令に設備の要求事項が規定されていることが多いので、現地法令を確認する必要がある。

⑫ **廃棄物保管場**

保守作業で発生する部品および廃材の保管のための設備である。廃棄物の中にはリサイクル可能なものもあるので、仕分けを行うとともに、盗難防止および環境対策に留意する必要がある。

6.10　鉄道施設保守基地

軌道、電車線などの鉄道施設保守のため、保守用車、留置線および保守基地が必要となる。鉄道施設の検査および検査周期は国土交通省令に規定されており、海外プロジェクトでもそれを参考に検査計画を策定する。定期検査の他、レールの破断・摩耗によるレール交換、電車線の点検および張替が大きな作業となるので、路線規模にもよるが、次の保守用車が必要となる。しかし、鉄道施設の構造・仕様に合わせた検査・修繕方法によりいくつかの選択肢があり、これらは参考である。

1) 軌道モーターカー
2) トレーラー
3) 高所作業用足場車
4) レール探傷車もしくは可搬式探傷器
5) レール踏面削正車

6) レールおよびまくらぎ積み卸し設備
7) 保守用車両および機器の検査・修繕設備
8) トラックもしくはバン

6.11　システム間のインターフェース

　国内プロジェクトは、過去の案件における検討経過からシステム間のインターフェースはほぼ固まり、新規案件での微調整で進めることができる。しかし、海外プロジェクトでは、契約パッケージの分割とも関連するが、システム間のインターフェースを一から見直し、確認する必要がある。特にDBやEPC契約では、それぞれのパッケージの設計・施工範囲が明示され、他契約パッケージの設計・施工内容は契約後それぞれの請負者間で協議を開始するまで分からない。

　国内案件のようにシステム設計を施主が行い、インターフェースも予め確定している場合には、土木の設計・施工範囲に電力や信号等に係わるケーブル敷設のためのダクトを含ませることなどが行われている。しかし、海外案件は、請負者は他の請負者の設計・施工範囲に係わることには責任を負えない。したがって、契約後の請負者間のインターフェース協議で詳細を詰めることになる。

　インターフェースでの混乱を避けるため、施主側のSIは基本設計段階で、システム間あるいは契約パッケージ間のインターフェースの処理方針を決め、入札図書に具体的に明示する必要がある。あいまいな表現であると、請負者間の紛争に発展し、その調整に時間をとられることとなり、場合によっては追加費用の請求がなされることもある。

6.12　都市交通システムの規格化

　ヨーロッパはEU発足後、直通運転技術仕様書（Technical Specification for Inter-operability, TSI）を制定し、高速鉄道、貨物鉄道の直通運転のための技術基準を整備した。これは従来のUIC規格を発展させたもので、TSIを受ける形で関連するENが制定されてきた。都市交通システムについては、直通運転よりも規格統一による製品、部品の共通化によるコストダウンを図り、認証を容易にするため、都市交通システムの管理、指令・制御システムの規格と自

動運転システムの安全性規格が提案された[29]。IEC 62290 UGTMS（Urban Guided Transport Management and control command System）および IEC 62267 AUGT（Automated Urban Guided Transport）である。

　UGTMS は OCC を中心に、信号、通信、車両、電力および軌道等の機能、システム要求事項、インターフェースを定めるものである。規格はパート（Part）1 とパート 2 に分かれ、パート 1 は UGTMS の主な概念、システムの定義、原理と主な機能を規定している。パート 2 は UGTMS の各構成要素の機能の標準化を規定している。パート 1 は 2007 年に制定され、2014 年に改訂された。パート 2 は 2014 年に制定されている。

　AUGT は自動、無人運転システムの安全性要件を規定し、2009 年に制定されている。IEC 62267 を受けて JIS E 3802 が制定されている。

　海外プロジェクトのシステム設計においては、これら二つの規格を考慮する必要がある。

Column 6-1

☆　今日はフレンチでも食べに行こう
◇　私は和食党なので遠慮します
☆　そんなこと言わないで。ここは旧宗主国のフランス人が多いので、手頃な価格で旨い店があるよ
◇　結構、混んでますね
☆　ここに根を張っているフランス人のたまり場みたいなもので、凝った料理ではなく家庭料理に近いよ。彼等もしたたかで、施主に食い込んで、うちのプロジェクトにも A 社と B 社がしっかり入っているよ。C 社のお陰で仕様も変わったし
◇　本日のお薦めの魚料理は和食に近いですね
☆　和食にこだわらず、いろんな料理を試してみるのもいいよ。イタリア、スペイン、インド、何でもあるよ
◇　コーヒーにしますか

ベトナムはワインとコーヒーの産地でもある。コーヒーは世界第 2 の生産量を誇る。

---

[29] 都市交通における安全性に関する標準化の動向、水間毅、建設の施工企画、2008 年 12 月号

Column 6-2

☆ 昨日、市場に行ってきましたが、安いですね

◇ 日本の数分の一だが、現地の人の収入から見れば高いのでは。魚介類も肉もコールドチェーンが発達していないので、朝仕入れたものを昼頃までに売り切っているようだ。朝早く行かないといいものが手に入らないよ

☆ 冷蔵庫に保管すればいいのでは？

◇ 何処にも冷蔵庫がないので、鶏なんか生きたまま市場に持ってきて、その場で解体して売っている。鳥インフルで騒がれたので、外国人の多いベンタン市場は真空パックの鶏肉を冷蔵庫で売っているが、ローカルの市場は昔のままだよ

☆ そうなんですか

◇ 家庭にも冷蔵庫はそんなに普及していない。贅沢品なので、買いだめして保管することはできないようだ

☆ この気温なので、買ったら、直ぐに調理しないと駄目になりますね

◇ 自宅で料理することはあまりないので、朝、昼、晩と外で食べている。食べ物屋が多いことはそれに見合った需要があるのではないかな

☆ そういえば、バンコクも香港も似たようなものですか？

◇ 道ばたの店は安いけど、古い油を使っていたり、清潔さに問題があったりで、自己責任で確かめるしかないね。それが嫌なら、高い店だね

ホーチミン　チ・ゲ市場（2018.03.18）

第7章　入札図書の作成

7.1　入札図書の基本

　海外プロジェクトの入札は国際ルールに従って行われ、国際契約約款（FIDIC）が使用される。FIDICは国際コンサルタントエンジニアリング連盟（Fédération Internationale Des Ingénieurs-Conseils）が制定し、アジア開発銀行やJICA等がODAプロジェクトの契約約款として採用している。

　契約の種類に応じて表7-1に示すように、レッドブック、イエローブック、シルバーブック、ゴールドブックおよびホワイトブックがあり、契約約款の表紙の色でそれぞれ呼称されている。海外プロジェクト、特にE&Mや車両では、DB契約とターンキーあるいはEPC契約が採用されている。

　入札図書の一部として使用するに際して、著作権からコピーの使用は禁止されているので、その都度FIDIC事務局から購入して使用する。

表7-1　FIDICの種類と適用対象

種類	適用対象	設計	施工	運営	設計施工管理
レッド	建設工事	施主	請負者	運営主体	エンジニアー
イエロー	プラント、DB	請負者	請負者	運営主体	エンジニアー
シルバー	EPC(ターンキー)	請負者	請負者	運営主体	施主代理人
ゴールド	設計、施工、運営	請負者	請負者	請負者	施主代理人
ホワイト	コンサルタント				

注　運営主体は別途指定される

　FIDICは包括的約款なので一般契約条件（General Condition of Contract、GCC）とし、プロジェクトの内容に応じて一部条項を修正して特約契約条件（Particular Condition of Contract、PCC）を作成し、GCCとPCCで合わせて契約約款とする。

　具体的な応札手続き、提出書類、評価方法などは入札図書の商務（Commercial）部分としてまとめ、契約後のプロジェクトの実施要項、技術的要求事項は施主

要求事項としてとりまとめる。施主側SIは第2章および第4章に述べたように、技術的要求事項をとりまとめる。

7.2　パッケージ分け

　鉄道建設を一つのパッケージとして発注することは少なく、技術分野と想定契約金額を勘案して、いくつかの契約パッケージに分割する。例えば、土木・建築、軌道、電力供給および配電、信号通信、車両、車両基地などのシステムに分けたり、区間で分割したりする。ケースバイケースでいくつかの技術分野をまとめることもある。これはパッケージ毎の予定金額を同じ規模に揃え、同じような技術分野をまとめ、契約後の設計・施工監理を容易とするねらいもある。極端にいえば、全てを一つとすることも考えられるが、予定金額が大きくなりすぎ、リスクを恐れて応札者が現われないので、実際的ではない。

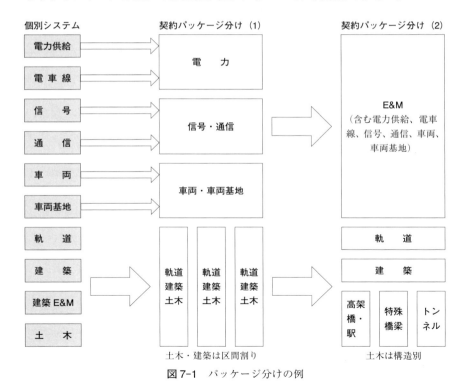

図7-1　パッケージ分けの例

パッケージとしてまとめるときに、設計・施工段階でインターフェースが煩雑となることを避けるため、軌道と土木、建築 E&M と建築・土木、車両基地設備と建築を同じパッケージとすることもある。

DB あるいは EPC 契約では、請負者がそれぞれの契約パッケージに係る設計、製作、施工および試験に責任を負うので、契約パッケージ間のインターフェースをどのように整理するかが課題となる。国内案件では、施主が全体のシステム設計を行い、各サブシステムの仕様も決定するので、土木・建築パッケージ請負者に電力供給や信号通信に必要なケーブルトラフや取付ボルトなどの準備工事を行わせることができる。しかし、DB および EPC 契約では、性能・機能要求仕様書に基づき、それぞれの請負者が設計・施工を行うので、土木・建築パッケージ受注者は他の請負者の設計・施工内容を知ることはできない。したがって、契約後に請負者間で契約パッケージ間のインターフェースについて協議し、それぞれの設計および施工範囲を確定する必要がある。入札図書には、インターフェースの協議手続き、責任個所、契約パッケージ間の分担（Demarcation）の指針、インターフェース協議で作成する図書を明記する。

SI は、契約パッケージとそれぞれの供給範囲（Scope of Works、SOW）を確定するとともに、分担指針を作成する。SOW は国内案件とは異なり、技術分野毎に明記する。一例を示せば、次のとおり。

1) （一般的責務）請負者は、契約パッケージに関わる設計、調達、製造、工場受入試験、現地への配送、試験および受取検査、試運転、操作・保守要員の教育訓練に全責任を負う。
2) （軌道工事）請負者は、契約パッケージに関わるレール、締結装置、まくらぎ、道床、分岐器、両渡分岐器、バッファー式車止め、付属品および予備品を含む本線、駅および車両基地並びに訓練軌道の軌道工事を供給しなければならない。
3) （車両）請負者は、車両および予備品を供給し、信号通信システムパッケージ請負者が供給する車載機器を取り付けなければならない。
4) （信号）請負者は、列車検知システム、自動列車防護システム（ATP）、自動列車運転システム（ATO）、ATP/ATO の車載機器、インターロッキングシステム、自動列車監視システム、列車運行管理センター（OCC）およびバックアップ管理センター（BCC）の機器、信号機器監視システム、旅客情報システム、無停電電源（UPS）ケーブル、ケーブルトラフ、付属

品および予備品を供給しなければならない。

　これにより、入札に応札しようとするものは、入札図書に記載される契約条件、路線長やその他の諸元から、工事の規模、工程、リスク、見積もり価格を策定して応札することとなる。プロジェクト毎に契約パッケージの構成は異なり、いくつかの技術分野を統合したものもあるので、ケースバイケースでSOWを規定する。海外の契約パッケージのSOWは国内の商慣習とは異なることに注意してほしい。例えば、上記7.2 3) および4) に示したように、信号の車載機器は、国内では車両に含まれるが、海外は信号に含める。何故ならば、国内は施主がシステム設計を行い、信号システムの仕様も確定しているので、車載機器のみを取り出して車両の一部として発注しても問題がない。DBあるいはEPC契約では、請負者により異なるシステムが提案される可能性が大きいので、車載機器は地上機器と同じ信号パッケージに含めることとなる。

　いくつかの技術分野を統合した契約パッケージに対して、自社のみで完結できないと判断されれば、それぞれの技術を補完する専門メーカーあるいは施工業者とJVを組むか、下請として応札準備を行うこととなる。

　DBおよびEPC契約では、契約パッケージ間のインターフェースは、設計および施工の一部であり、請負者間で調整するのが原則である。ただし、機械室のフリーアクセス（ケーブル敷設スペースを設けた二重床）、防水天井（屋根からの水漏れによるリスクの備え機器室に設ける天井）は構造物の基本設計に影響し、コストがかさむので、最初から土木・建築契約パッケージに含むことが望ましい。

7.3　入札図書の構成と施主要求事項

　JICAはODA案件のDBおよびEPC契約の標準入札図書の標準構成[1]を次のように示しており、これに沿って、入札図書を作成することとなる。

　オプションAは、入札前に技術仕様書が完成しているものを対象とし、技術提案と価格提案を同時に提出し、施主は技術提案を全て開いて審査し、基準をパスした応札者の価格提案を開いて、その中で最低価格を提案した応札者との契約交渉に入る。技術提案が基準を満たさない応札者の価格提案は開かずに

---

[1] JICA Standard Bid Document Trial Version 2015, JICAホームページから

返却する。

　オプションBは、大規模かつ複雑なシステムやコンピューターのように技術進歩の早い分野で、入札前に技術仕様書を完成させることが望ましくないものについて、第一段階で最小限の操作および性能仕様を提示して、応札者から価格なしでの技術提案を受け付け、技術および商務条件について確認した後、入札仕様書を改訂した上で、第二段階の入札を行う。応札者からの技術提案および価格提案から選定した応札者と契約交渉に入る。

　多くのプロジェクトはオプションAの一段階・二封筒入札を採用している。

> 入札招聘状（Invitation for Bids、IFB）
> パート1 入札手続）
> 　オプションA- 一段階・二封筒入札
> 　　セクションI. 応札者への手引き（Instructions to Bidders、ITB）
> 　　セクションII. 入札データシート（Bid Data Sheet、BDS）
> 　　セクションIII. 評価および資格基準）
> 　オプションB- 二段階・一封筒入札
> 　　セクションI. 応札者への手引き（Instructions to Bidders、ITB）
> 　　セクションII. 入札データシート（Bid Data Sheet、BDS）
> 　　セクションIII. 評価および資格基準
> 　　セクションIV. 応札の書式（Bidding Forms）
> 　　セクションV. 日本ODAローン対象ソース国
> パート2- 施主要求事項
> 　　セクションVI. 施主要求事項
> パート3- 契約条件および契約書式

　入札図書は、契約担当および技術担当の共同作業で作成する。セクションI、IIおよびIVは契約手続および応札図書の書式等に関するので、契約担当がまとめ、セクションIIIは商務条件に係わるものは契約担当が、技術者の資格、配置および技術提案に係わるものは技術担当が作成する。セクションVは契約担当が技術担当の助言を受け施主およびJICAと調整して作成する。セクションVIは主として技術担当が作成し、パート3は契約担当がとりまとめる。

　セクションVIの施主要求事項は、SOWと合わせ、次の項目例を参考に技

術的要求事項を記載する。
 1) 現場位置の定義
 2) 工事の定義および目的
 3) 設計および他の技術基準
 4) 適用技術規格、標準および基準
 5) 品質および性能限度（Quality and performance criteria）
 6) 施主により得られた許可
 7) 関税要求事項
 8) 提案または要求された時系列工程計画表
 9) 段階別基礎、構造物、プラントまたはアクセス手段の保有
10) 現場の他の受注者
11) 基準点および水準
12) 第三者の関与
13) 環境上の制約
14) アクセスの制約：道路、鉄道、航空および水路
15) 現場で利用可能な電気、水、ガスおよび他のサービス
16) 施主設備および無償支給材
17) 設計者の資格要件
18) 情報提供あるいは承認のための審査を必要とする請負者提出文書および部数
19) 請負者要員と同等の施主、エンジニアーおよび代理人のための施設
20) サンプル提出
21) 製造もしくは設置および建設中の検査
22) 完成検査 – 完成検査不合格の場合の損失
23) 施主要員の操作・保守訓練
24) 竣工図面および工事記録
25) 操作および保守マニュアル
26) 完成後の検査
27) 完成検査不合格の場合の損失
28) 予備品[2]

---

[2] Spare partsは修繕を繰り返すことによって使用可能な装置および機器をいう。車輪、ブレーキシューなどは、摩耗したら修繕して使うことができないので、消耗品という。

29) 仮置き合計金額
30) 概略図面もしくは施主図面
31) 追加情報（地質調査データ等）

　技術的要求事項は、プロジェクト全般の進め方、共通事項を一般仕様（General Specification、GS）としてまとめ、個々のシステムに固有の技術的要求事項を個別仕様（Particular Specification、PS）にまとめる。契約パッケージが二つ以上のシステムを含む場合は、一つのGSと合わせてシステム毎にPSを作成する。

表7-2 契約パッケージ間の分担指針の例（設計、供給および固定物－トンネルと高架橋）

項番	内容	設計寸法および位置	供給	固定	注記
1	E&Mに係る設計、本体機器ケーブルおよび固定金具等の供給並びに固定はこの表に定めるものを除きE&M受注者自身の責任に帰す	E&M	E&M	E&M	
2	暫定、恒久にかかわらずE&Mのためのトンネルおよび高架橋の植込みソケット、植込みボルトまたは閉そく穴　E&Mのブラケット固定等と同等の植込みソケット等は異種金属による腐食から防護しなければならない	E&MおよびCivil	E&M	Civil	E&Mは寸法および位置を含む要求事項を提示する　CivilおよびE&Mは寸法および位置について合意する　ソケットはE&Mが供給する　CivilおよびE&Mは共同して固定および可動部間の適切な建設公差決定に同意する
3	ケーブルおよび配管取付ブラケットおよびハンガーの固定　トンネル内照明支持構造物の固定	E&M	E&M	E&M	E&Mはボルト、アンカー、ナット、ワッシャー、パッカー、シムおよび同等品を供給する　E&Mは上記植込みボルトを取り付ける　上記内容は駅内軌道に沿うブラケットに適用する

注　Civil：土木・建築パッケージ受注者、E&M：電気設備パッケージ受注者

GSは、上記項目を網羅し、さらに必要な要求事項を記載する。特に、契約パッケージ間の分担指針作成も重要であり、契約後のトラブルを避けるために、GSの附属資料として明確に規定する。表7-2は土木・建築契約パッケージとE&M契約パッケージ間の業務分担を例示している。分担指針は、分割する契約パッケージの内容に応じて適宜作成する。ただし、構成および文章は異なった解釈の余地がないように吟味する。稀に、Q&A等で質問があるが、その場合は質問者が何を確認したいかを判断し、質問内容が不明確であれば、解明要求を出すこともある。これを基に、契約後に請負者間で分担指針に基づいて協議し、詳細なインターフェース文書を作成することとなる。ここで重要なのは、契約パッケージのSOWをGSの総則等に漏れなく記載し、最後に「上記関連する附属品等を含む」と付け加え、漏れがあった場合の保険とする。

7.4　文書（ドキュメント）管理

　プロジェクト遂行のために、施主、コンサル（施主代理人もしくはエンジニアー）、請負者間で多くの文書が交換される。基本的な文書の流れを図7-2（DB契約）および図7-3（EPC契約）に示す。FIDICイエローブックが適用されるDB契約では、コンサルはエンジニアーとして請負者間のインターフェースや設計上の問題が発生した場合は、必要な解決策を提示する。したがって、計画書や設計書は承認対象とする。一方、FIDICシルバーブックを適用するEPC契約では、設計・施工の最終責任は請負者にあるので、提出された計画書や設計書に対しては、承認ではなく、異議なし通告（NONO）を出す。

　具体的な業務遂行のため、請負者はレター、計画書、工程表、インターフェース管理図書、設計図書、試験計画書、試験成績書など多量の文書を施主またはコンサルのレビュー（審査）のために提出し、施主またはコンサルはそれに対し文書で回答する。これらは全て文書でなされ、口頭やメールでの指示や意見交換があったとしても、最終的には文書で確認されなければ契約上有効とはならない。そのため、文書管理が重要となる。また、それぞれの文書は関係者間の協議を経て数回にわたって改訂されるので、文書の混同を避けるため、受発信日、バージョン（改訂版）管理が重要であり、場合によっては数か月前の文書も参照する必要が出てくるので、文書検索が容易に行えることが求められる。

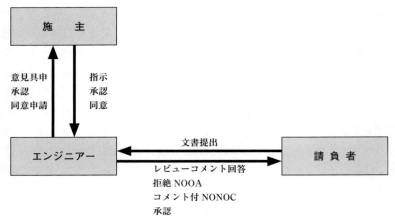

図7-2　イエローブック（DB契約）の場合の文書処理

　計画書、設計書等は請負者から施主代理人にレビューのために提出し、施主代理人はコメントを付したレビュー結果を回答。問題なければ、承認する。ただし、契約基本事項、中間払い等に係わるものは、承認前に施主の同意を求める。その他の文書は、内容を検討の上、意見書を施主に送付し、判断を仰ぐ。

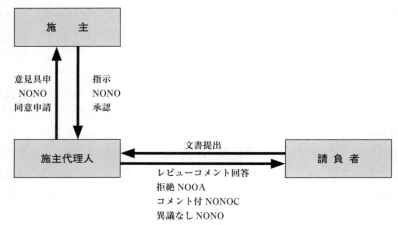

図7-3　シルバーブック（EPC契約）の場合の文書処理

　計画書、設計書等は請負者から施主代理人にレビューのために提出し、施主代理人はコメントを付したレビュー結果を回答。問題なければ、NONO（異議なし）を回答。ただし、契約基本事項、中間払い等に係わるものは、NONO回答について事前に施主の同意を求める。その他の文書は、内容を検討の上、意見書を施主に送付し、判断を仰ぐ。

膨大な文書管理のために、いくつかのプロジェクト文書管理ソフトが開発され、使用されている。入札図書にそれらのうちのいずれを使うかを明記することが望ましい。すなわち、複数の契約パッケージで構成され、施主、コンサルおよび請負者間のコミュニケーションを容易とするために、文書管理ツールを統一する必要がある。また、文書番号も統一したルールで管理することが望ましい。文書管理ソフトは、プロジェクト実行中に関係者間で文書の共有を可能とするとともに、文書保管を第三国で行うエスクロウ機能を有するものもある。プロジェクト実行中あるいは完了後に、施主、コンサルあるいは請負者のいずれかが業務遂行不能となる事態も想定して、文書保管を担保している。

設計図書の一部をなす図面についても、CAD のバージョン、用紙の大きさ、図面番号、図枠の様式等を統一することが望ましい。

7.5　工程表作成と管理

第4章で述べた基本設計と合わせ施主側の工程表（プログラム）[3]を作成する。個々のシステム毎に設計、機器の調達・製作、工場試験、配送、設置、検査および受取試験の期間を見積もって、着手から完成までの工程を作成する。しかし、一つのシステム単独で、設計、施工等はできず、他のシステムの作業との関連を調整しなければならない。例えば、「土木構造物が完成したのち、軌道工事に着手する」、「駅の機械室完成後、信号・通信のケーブルや機器を設置する」といった制約条件があるので、各業務のリンクを容易にとれるプロジェクト工程管理ソフトを使うのが一般的である。

個々の作業の所要期間は、他プロジェクトの実績やそれぞれの専門家の経験に基づいて行う。設置については、作業グループ数をいくつとするか、施工に必要な機材を想定して期間を見積もる。必要に応じ入札図書に設置の制約条件等を規定し、応札者が適切な工程を提案できるようにする。PM や SI は、この見積もりの前提条件および方法に問題がないか、公的機関による許認可期間が含まれるか、無理な工程となっていないかをチェックする。施主からの工程短縮の要求が厳しい場合には、機械と作業員の投入量を増やすことで対応することになる。国によっては、設計承認、材料承認、建設作業に係る資格認定等、

---

[3] Schedule の言葉が使われることもあるが、工程そのものの他、工程作成の前提条件等を記述するので、Programme（米語では Program、発音は同じ）を使用する。

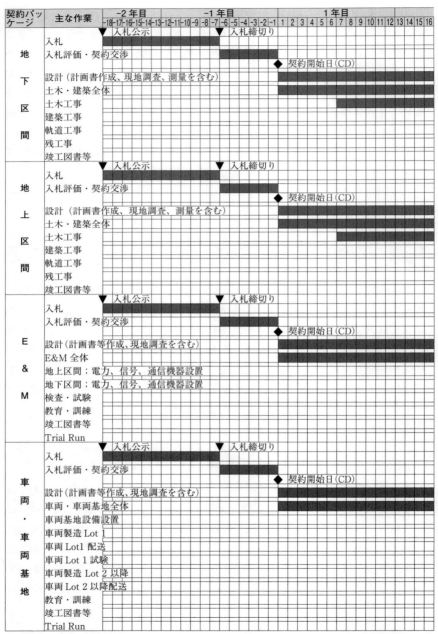

Key Date 1：地上区間契約者が車両基地建築を完了し、E&M 契約者が車両基地設備設置を開始する日
Key Date 2：地上区間契約者が土木工事を完了し、E&M 契約者が電力、信号、通信機器設置を開始する日
Key Date 3：地下区間契約者が土木工事を完了し、E&M 契約者が電力、信号、通信機器設置を開始する日
Key Date 4：地上区間の軌道、電力、信号、通信設備が設置され、車両の試運転を開始する日

図 7-4　プロジェクト全体工程

2年目
3年目
4年目
5年目
17 18 19 20 21 22 23 24 25 26 27 28 29 30 31 32 33 34 35 36 37 38 39 40 41 42 43 44 45 46 47 48 49 50 51 52 53 54 55 56 57 58 59 60
Key Date 3
Key Date 1
Key Date 2
Key Date 4

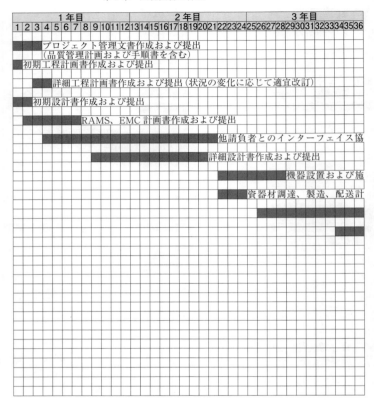

図 7-5　請負者工程表の例

各種の規制があるので、それらを勘案した工程とすべきであり、最初からねじり鉢巻きで徹夜作業前提の工程は作るべきではない。

　ここでは工程表の例を、地下区間の土木・建築（軌道を含む）、地上区間の土木・建築（軌道を含む）、E&M および車両（車両基地設備を含む）の四つの契約パッケージで構成されるプロジェクトの工程表の例を図7-4に示す。ここでは、契約から営業開始まで60か月としている。E&M の機器やケーブル等の設置は、土木・建築パッケージの進捗状況に影響されるので、土木・建築パッケージのキーとなる部分の完成期日をキーデイトとして契約上明確にする。このようにすることにより、E&M や車両契約パッケージ請負者は作業計画を作ることができる。一つの請負者が遅れ、他の契約者の作業に影響を与えた場合は、他の請負者に対しその遅延に応じた補償を行う。ここに示した例は、

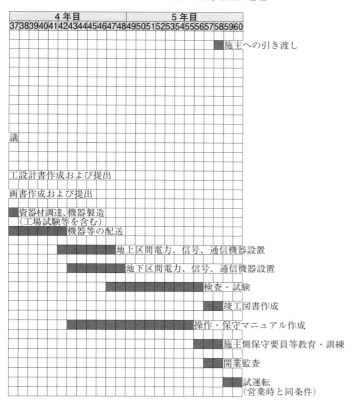

説明のため、入札開始時期や契約時期を同じとし、それぞれの工事内容も単純化しているが、実際は契約パッケージの範囲が異なっていたり、パッケージ毎に契約期日が異なったり、各パッケージの工事内容も複雑に絡み合うことを理解して頂きたい。

　工程表から、契約パッケージ毎の着手および完成目標を策定して、「キーデイト（Key Date）」と「アクセスデイト（Access Date）」を決める。キーデイトは完成目標であり、他の契約パッケージ請負者がそのあとに作業に入る日をアクセスデイトとしている。異なるパッケージの請負者が同じ現場で競合することがないようにする。安全、現場保全および品質保持のためである。どうしてもラップ作業が避けられないときは、いずれの請負者が現場の安全および保全に責任を負うかを決める。

キーデイトとアクセスデイトは入札図書の要求事項として明記される。請負者は契約後にキーデイトとアクセスデイトを満たすように、それぞれの作業工程計画を提出する。上記全体工程に沿ったE&M請負者の工程計画の例を図7-5に示す。

設計、施工段階で工程の変更を行う必要のある場合は、原因を特定して期間延伸（Extension of Time for Completion、EOT）の手続きを行い、EOT後の工程が契約上の義務となる。

工程管理はプロジェクト遂行の重要な管理項目であり、専任のプログラムコントローラーを配置することが一般的である。その中で、SIは、設計、施工段階を通じて、採用された技術全体の調和がとれているか、工程変更のリスクはないかを常にチェックする。

7.6　提出要求文書

7.6.1　入札評価のための技術文書

入札段階で応札者に要求する文書は、セクションIVに記載し、応札者がプロジェクト遂行に必要な資金、組織、技術能力を有しているか、施主の要求する仕様を満たす技術提案が適切かをセクションIIIの評価基準に沿って判断するためのものである。施主の委託を受け、コンサルが入札書の評価を行い、評価報告書を提出し、施主が契約交渉権を有する応札者を選定する。提示した価格が魅力的であっても、技術提案が貧弱であれば、選定されないこともある。

公開競争入札であるため、入札図書に応札者の提出すべき技術文書を明記するとともに評価基準も示す。応札に際して、応札希望者は入札図書の読み込み、工程表作成、技術提案作成等を行うので、応札には相応の費用が必要となる。入札のために膨大な文書を要求すれば、応札費用が高くなるので、応札者が現われないこともある。したがって、応札者のプロジェクト実行能力および技術力を評価するため、最小限の提案文書を要求する。一例を示せば、次の通り。

1) プロジェクト実行組織（JVを含む）
2) 主要メンバーの氏名とCV
3) 安全衛生計画へのコミット
4) 品質へのコミット

5) 概略作業工程計画
6) 提案価格および内訳
7) 主要機器あるいはシステムの技術提案
8) 技術仕様へのコンプライアンス表

これらのうち、2) は契約後の実行段階で変わることもあるので、その場合、請負者は同等の経歴と経験を有するメンバーを提案しなければならない。3)、4) および 8) は一種の決意表明なので、具体的にどのようにするかは、契約後に提出する計画書や設計図書で確認することとなる。6)は契約上重要であり、契約後の設計変更等の基礎ともなり、内訳書の開示と根拠を求められるので、裏付けとなる正確な資料を準備することが望ましい。

7.6.2　プロジェクト実行のための技術文書 [4]

契約後に提出すべきものとして、次の種類の文書を要求し、それぞれの文書に記載すべき内容を規定する。7.3 にリストアップしたものと重なるものもあるが、＊印を付したものは、契約約款に記載されているものであり、その他は施主要求事項として、その都度規定する。

海外プロジェクトは一発勝負であり、国内案件のように鉄道事業者とゼネコンあるいはメーカーの間で長年に渡って信頼関係を築き、性善説にしたがって締結する契約ではない。国内では、問題があれば双方で協議の上解決、あるいは次の案件でリカバリーすることも通用するが、海外ではそのようなことは期待できない。また、プロジェクトの実行組織も施主側、請負側ともその都度編成されるので、実行のための組織運営、コミュニケーション管理、リスク管理が欠かせない。このため、プロセス毎に請負者に計画書を提出させ、施主がチェックする仕組を採用している。計画書の提出が煩雑で省略したいと思う気持ちも理解できるが、計画書の作成、レビュー（審査）の手順を踏むことで、それぞれのプロセスのインプット、アウトプットを明確にし、リスクへの対処ができる。また、会計検査院や第三者のチェックを受けたときも、業務が厳正に行われていることの証拠ともなるので、結果として、施主も請負者も護ることになる。

請負者の提出する管理計画の多くは、ISO 9001 の認証を取得している国内の企業で使用している社内規定やマニュアルをカスタマイズすることで対応可

---

[4] この他に、施主の権限として主要メンバーの承認、下請けの承認等に関連する文書がある。

能と思われる。

1) 作業工程計画（ローリングプログラムを含む）＊
2) 安全衛生管理計画＊
3) 品質管理計画＊
4) プロジェクト管理計画（請負者組織図、業務分担、文書管理、業務処理手続き）
5) インターフェース管理計画（詳細インターフェース文書を含む）
6) 設計、調達、製造および配送計画
7) 設置、施工計画（他請負者との協調、関連公的機関の許認可を含む）
8) 検査・試験計画
9) 設計図書（適用規格、計算書、図面を含む）
10) 竣工図書（他請負者とのインターフェース合意文書、施工方法、竣工図面を含む）＊
11) 訓練計画＊
12) 操作・保守マニュアル＊
13) 予備品・消耗品カタログ

　文書が多くなるとそのレビューおよび管理に多くのマンパワーが必要となるので、法令に定めるもの、プロジェクト管理、インターフェース管理、設計図書、検査・試験計画等、最小限となるよう施主と協議する。この他に、国によっては、施主への下請承認申請、材料承認申請等、関連機関による許認可のための文書（道路使用許可申請、電力会社や水道会社との協議文書、車両および機械の認可申請、クレーン作業者認定申請等）が必要となる。これら許認可申請のための文書作成、認可までの期間を考慮して、予め全体の作業量および工期に織り込むこととなる。また、沿線住民への広報活動についても、施主と請負者の役割分担を決める必要がある。

　設計の基礎資料として、第8章に述べる安全認証に係わるEMC管理計画、ハザード分析、RAMS管理計画等を要求することもあり、EMCあるいはRAMSについて第三者認証を必要とするか否かを含め、提出文書の種類、取扱について施主と協議しなければならない。信号システム等のIEC 61508によるSILの第三者認証は、対象サブシステム、機器について施主の同意を得た上で規定する。これらの第三者認証はコストと時間を要するので、入札図書

に要求事項として明示しなければならない。

　施主はコンサルへ委託する業務内容と付与する権限を明確にする。それに基づいてコンサルは、請負者から提出された文書を契約書で要求している内容を満たしているかをレビューし、内容を満たしていなければ、その旨コメントを付して回答する。満たしていれば、承認（イエローブック）または異議なし通告（NONO、シルバーブック）を行う。ただし、施主の権限に属する事項、中間払いの要件となっているものは、通知の前に、施主に文書で確認する。

　請負者の提出する設計図書は、初期設計（Initial Design）、詳細あるいは決定設計（Definitive Design）のように2段階に分けることもある。それぞれの段階でレビューし、設計の初期段階での設計方針確認、軌道修正、設計深度化に伴う精度向上を図る。

　契約書に要求されている文書作成、他請負者とのインターフェース協議、初期設計書および詳細設計書、資機材調達、現場での機器設置等一連の作業工程計画の例を図7-5に示す。実際は、それぞれの作業をプロセスに分解し、プロセス毎の資源投入、プロセス間のつながりを明記して、プロジェクト実行中に施主の承認遅れ、文書作成の不備による再提出、調達または製造の遅れなどのイベントに対し、資源の追加投入、作業方法の変更などにより工程の遅れを回復するようにしている。プロセス毎のインプットとアウトプットを明確にすることがプロジェクト管理で重要である。

　コンサルによる文書審査はあくまで、契約書、契約の一部として規定されている法令、適用規格に適合しているか否かを確認するものであり、それらを満たしていないものに対し、根拠を明らかにした上で審査コメントを出す。根拠の曖昧なもの、コンサルの技術的興味を満たすためのものはコメントとして出すことはできない。往々にして陥りやすいのは、コンサルが請負者よりも技術的知見があると思い込み、その知見に基づいて請負者に指示することである。これは契約外の要求と受け止められ、請負者からのクレーム（追加支払い要求）となって跳ね返ってくる。国内案件では施主と請負者の関係は長年に渡り、施主の力が強くなりがちであるが、海外案件では施主と請負者は対等であり、DBおよびEPC契約における設計責任は請負者にあることを肝に銘じなければならない。コンサルと請負者の意見が対立した場合は、設計責任を有する請負者の判断が優先される。コンサルは、請負者の提案する設計が「プロジェクトの目的に合致するか」、「実証済（Proven）であるか」、「実証された最新技

術であるか」、「運営および保守経費が最小であるか」について請負者に説明を求めることができるが、設計を変更する権限は付与されていない。

Column 7-1

☆ 設計のこの部分、間違えているのではないの。こういうふうに変えたら？
◇ 我々はこの設計で提案しています。根拠もお示ししています
☆ 私の経験から、こうした方がいい
◇ 契約上、設計責任は請負者にあります。それを変更せよとは、コンサルからの指示と受け止めてよろしいですね
☆ そうだ
◇ そうおっしゃるならば、設計変更で、追加費用が発生します

ここまで極端なやりとりはないにしても、コンサルの技術専門家が請負者よりも技術が上と思い込んでいれば、ついつい変更指示をしてしまう。DB あるいは EPC 契約は施主と請負者が対等であり、設計・施工責任は請負者にあることを明記しているので、変更指示は NG である。コンサルができるのは、不明点の説明あるいは補足資料提出要求である。同じ条件でもいくつかの解決方法があること、自分の意見に固執しないことが求められている。

7.7　GS の構成およびチェックリスト

　契約後は 7.3 に述べた入札図書のうち、セクション Ⅵ の施主要求事項構成文書として GS と PS が使われる。内容に不備があれば、計画書や設計図書のレビューに際して、請負者との論争やクレームにつながる。したがって、コンサルの技術担当は GS を作成する際に、慎重さが要求される。その構成例およびチェック項目を表 7-3 に示す。チェックポイントは過去のプロジェクトで遭遇した事例を反映したものであり、今後、プロジェクト毎の教訓が積み重なれば、さらに質の高い GS 作成につながる。ここに示すのは、JICA 標準の項目に沿った一例であり、プロジェクトや契約パッケージの構成により GS の構成および要求内容が変わることをご理解頂きたい。

7.7 GSの構成およびチェックリスト

表7-3 GSの構成例およびチェック項目

項番	項目	チェックポイント
1	目的	プロジェクトの定義および目的が明記されているか
2	SOW	当該パッケージの請負者の供給範囲が漏れなく記述されているか
3	用語および略語	用語および略語が漏れなく定義されているか
4	現場位置	プロジェクトの工事現場が明記されているか
5.1	法令および適用規格	基本設計時に使用した法令、技術規格、コードおよび規制が網羅されているか 入札公示日をベースデイト（Base Date、BD）とし、それ以降に発効する法令や規格の取扱を定めているか
5.2	規格の優先順位	国際規格、JIS、現地規格等の優先順位が明記されているか
5.3	適用規格申請	6.1項に記載無き規格を使用する場合の施主承認申請手続きが明示されているか
6	関連文書	
6.1.	契約関連文書	契約関連文書の明記、データ集および施主図面のリストが添付されてるか
6.2	文書の優先順位	GCC、PCC、GSおよびPS等の文書の優先順位が明記されているか
7	品質および性能基準	請負者はISO9000シリーズによる品質管理計画、組織、要員配置および文書審査システムを準備しなければならないことを要求しているか 請負者の品質管理責任者の資格要件を定めているか 施主もしくはエンジニアーによる査察を規定しているか
8	施主により得られた許可	許可内容を明記しているか 公的機関によるその他の許認可は請負者の責任であること明記しているか
9	関税要求事項	プロジェクト実施に必要な物品の関税について、免除あるいは負担原則が、施主および関係機関との間で合意を得ている場合は、その旨記述しているか
10	文書提出および回答手続	
10.1	文書管理	文書管理ソフト使用と経費の請負者負担を明記しているか 文書管理ソフトは全パッケージ共通のものとなっているか 文書管理番号体系を指定しているか 文書はA4判と指定しているか
10.2	文書提出、審査および回答	指定した文書（7.6.2参照）の提出、審査、回答の手続きがFIDICに沿って明示されているか 回答期限は21日または45日としているか、また、施主承認が必要なものについて施主の承認期間を見込んでいるか 提出部数を明示しているか

10.3	使用言語	GCC または PCC に規定されない場合は、使用言語を英語と明記しているか
		管理文書、設計図書、竣工図書、マニュアル等に英語とともに現地語を要求するか
11	時系列工程計画表	プロジェクト工程管理ソフトを指定し、請負者負担を明記してるか
		工程管理ソフトは全パッケージ共通のものか
		プロジェクト実施工程計画表に基づくキーデイトおよびアクセスデイトを入札図書のセクションIに記載するとともに、段階別基礎、構造物、プラントまたはアクセス手段の保持を明示しているか
		請負者に初期工程計画表および最終工程計画表提出を要求しているか
		工程表改訂のルールを明記しているか
12	プロジェクト管理	請負者の提出すべき文書の記載内容、提出期日、文書間の関係を明示しているか
		特に開始日（Commencement Date、CD）から 28 日以内に提出すべき文書（組織図、主要メンバー氏名および CV、動員計画等）を明示しているか
13	設計	
13.1	設計手続	設計者の資格要件を定めているか
		初期設計、設計承認申請の手続き、それぞれの設計の具備すべき要求事項を規定しているか
		図面の大きさ、図番、図枠、CAD データ等についてプロジェクト全体の規則を作成し、それに従うことを要求しているか
		設計承認と材料、部品および機器調達が関連づけられているか
13.2	共通設計条件	気候条件を明示しているか
		機器室に空調を設置する場合、空調の設計条件、室内温度および湿度条件を明示しているか、契約パッケージが異なる場合、事前に基本設計段階で調整を行っているか
		屋外および屋内設置機器の IP 等級を規定しているか
		機器の外部色等、統一が必要なものについて、施主の同意を得て、規定しているか
14	第三者機関の関与	設計審査、RAMS 計画および SIL 認証等に第三者機関を指定しているか（施主との同意による）
15	他請負者との協調	契約パッケージ間のインターフェースについて、請負者間の協議、合意文書作成、共同設置プログラム作成等を要求しているか
		表 7-2 に示すようなインターフェース分担指針を作成し、附属資料として添付しているか
16	環境上の制約	工事中の騒音・振動、排出水処理、廃棄物処理に関する現地の法令に従うことを明記しているか
		工事完成後の沿線の騒音・振動基準、車内騒音基準、排出水処理基準等を明示しているか
17	安全衛生	安全衛生管理者の設置、資格要件、安全衛生計画提出について具体的

		要求を規定しているか
		HIV対策について規定しているか
18	アクセスの制約：道路、鉄道、航空および水路	工事現場へのアクセスの制約を明示しているか
19	現場で利用可能な電気、水、ガスおよび他のサービス	現場で利用可能な電気、水、ガスおよび他のサービスについて、種類および利用条件を明示しているか
20	施主設備および無償支給材	施主所有設備の利用および無償支給材について明示されているか 該当なしであれば、記述不要
21	請負者要員と同等の施主、エンジニアーおよび代理人のための施設	事務所、自動車、電気、水、ガス等のサービスを請負者が負担することを明記しているか 現地法令により、請負者によるこの種サービス提供を禁止している場合は、コンサル契約の中にこれら経費を含める
22	サンプル提出	製造、設置および建設に必要な材料あるいは部品のサンプル提出範囲を規定しているか 提出されたサンプルの取扱を規定しているか
23	製造もしくは設置および建設中の検査	製造したものの工場受入検査（Factory Acceptance Testing, FAT）計画、施主もしくはエンジニアー／代理人による立会検査、初物検査、検査報告書の提出を具体的に規定しているか 立会検査費用を請負者負担としているか、請負者負担としない場合は、施主およびコンサルは別途予算を組む必要あり 設置および建設中の検査および検査報告書提出について、隠蔽部検査を含め具体的に規定しているか
24	完成検査—完成検査失格の場合の損失	個別システムおよび全体システムの完成検査計画提出、検査基準、検査失格の場合の処理方法について要求事項を規定しているか 公的機関による開業監査等が必要な場合は、監査する機関、方法等を明記しているか 完成検査の一部として、営業運転と同じ条件での一定期間の試運転（Trial Run）を要求しているか
25	施主要員の操作・保守訓練	施主要員の操作・保守訓練計画、内容、実施時期等の要求を具体的に規定しているか
26	竣工図面および工事記録	施工図面の提出および承認手続きが明示されているか 工事記録の内容および提出を規定しているか
27	操作および保守マニュアル	操作および保守マニュアル作成計画提出を要求しているか マニュアルの使用言語を規定しているか マニュアルの構成要件を規定しているか
28	予備品	予備品の種類および数量について、算定根拠を要求しているか
29	暫定合計金額	契約時点で確定していない事項について、項目および暫定金額を明示しているか
30	現地生産	施主が要求する場合は、関係者間の協議結果に基づき、現地生産の要

31	技術移転	求事項を規定しているか
		施主が要求する場合は、関係者間の協議結果に基づき、技術移転の要求事項を規定しているか
32	保守	保守を契約の一部もしくは工事完成後に別契約とする場合、保守の要求事項を規定しているか

7.8 PSの構成およびチェックリスト

　第4章で述べた基本設計から、契約パッケージのシステム毎にPSあるいは技術仕様書（Technical Specification、TS）としてまとめる。

　基本設計はあくまで施主がプロジェクトの規模、内容および事業費を見積もるためのものであり、基本設計で得られたデータをそのままPSに記述することはない。基本設計から機能、性能要求をピックアップし、図面も一部を参考図（The Employer's Drawings）として入札図書に添付する。ただし、土木・建築に係わる図面は、基本構造や寸法が他パッケージの基本設計と関連するので、細部の寸法を除いて変更できない。

　DBあるいはEPC契約では、応札者が競争で最適なシステム、構造を提案し、適正な価格で受注することを前提としているので、参考図と異なる提案であっても、根拠が明確であれば、受け入れ可能である。また、設計、施工の責任は請負者にあるので、PSや参考図は応札者／請負者の裁量の余地を残すようにしている。ずるい言い方をすれば、施主は調達しようとするシステムあるいは製品に対し、十分な知識がないので、請負者に最適なものを提案してもらう。さらに、入札図書記載のデータに誤りがあっても、契約後一定期間、請負者からの指摘がなければ、請負者がすべての責任を負うとしている。

　SIは、GSおよび各契約パッケージに対応したPSの間に矛盾がないか、異なる解釈によるリスクはないかを常にチェックする。契約パッケージ間のインターフェースはGSにまとめるのが基本であるが、稀にPSにそれと矛盾する要求を規定することがある。また、型式試験、立会試験もGSとPSで異なる要求となっている場合もある。多数の専門家が分担して多量の入札図書を作成するので、このようなミスを避けることは難しい。

　PSについても、SIは担当専門家に、要求の根拠（規格、技術基準等）、妥

当性、異なる解釈の入る可能性、他システムとの関連について確認する。PSのチェックリストの例を表7-4に示す。専門家の能力を疑うわけではないが、実施段階に入って思わぬトラブルが発生することがあるので、その予防を兼ねている。さらに注意しなければならないのは、鉄道プロジェクトでは入札から工事完成まで長期に渡り、その間に製造中止となるものもあるし、新しい技術が生まれているものもある。例えば、蛍光灯はLEDに取って代わられている。このように入札図書は、機能および性能要求として、特定の技術を指定しないことが望ましい。

表7-4 PSチェックリストの例

項番	項目	チェックポイント
1	総則	
1.1	供給範囲	GSとの重複がないか 設計、調達、製造、輸送、現場試験、受入検査、Trial Runを網羅しているか
1.2	調達国	STEP条件で日本製を要求しているか 施主の要求、技術の信頼性、アフターケア等で調達国の制限があるか
2	用語と略語	
2.1	用語	キーアイテムがリストアップされているか 用語を統一しているか
2.2	略語	全仕様書を通して略語が統一されているか
3	設計基準と適用規格	
3.1	設計基準	現地法令、国際規格、国土交通省令解釈基準等を採用するか否かについて施主の同意を得ているか 現地法令による振動・騒音基準が満たされているか
3.2	適用規格	GSとの重複がないか 適用規格が網羅され、施主の同意を得ているか 鋼材、セメント、骨材等は現地調達可能な規格か
4	エンジニアリング条件	
4.1	基本要求事項	実績のある設計および施工方法を要求しているか 要求設計寿命（システム、ケーブル、電子機器、ソフトウェア）を規定しているか 設計寿命中間での機器更新等の保守計画提出を要求しているか 需要想定、列車運行計画等に基づく荷重条件、列車運行頻度、走行距離等の基本条件を明記しているか

4.2	環境条件	使用環境温度、湿度、雷害頻度、最大洪水レベル等の条件を明示あるいは請負者による確認を要求しているか
4.3	設計検証および確認	請負者の設計検証方法および試験等による確認方法を要求しているか
5	性能要求事項	基本設計により得られた要求性能を規定しているか 想定応力、動作回数、時間に対応した耐久性検証を要求しているか EMC／EMI 計画を要求しているか
6	機能要求事項	基本設計により得られた要求機能を規定しているか 機器構成およびケーブル等の敷設に冗長系を要求しているか
7	安全要求事項	RAMS 計画、SIL 認証等による安全検証を要求しているか 想定されるハザードへの対策および被害軽減方策を要求しているか IEC 等による感電防止対策を要求しているか
8	セキュリティ	外部情報システムから独立するよう要求しているか 接続する場合はファイアーウォールなどの設置を要求しているか
9	予備および消耗品	予備品および消耗品の品目、数量の算定根拠を含めた提案を要求しているか
10	特殊工具	保守に必要な特殊工具の提案を要求しているか

注 1 EMC; Electromagnetic Compatibility（電磁両立性）
注 2 EMI; Electromagnetic Interference（電磁妨害）

7.9 教育訓練とマニュアル作成

いずれのプロジェクトでも、施設、システムあるいは車両を納入するときは、引き渡し後の運転および保守を確実に行うため、鉄道運営会社あるいは保守会社（以下「会社」という）の従業員に対する教育訓練が必要である。

新規に会社を設立する場合は、会社の運営に係わる組織規程、就業規則、会計規則、安全衛生規則などを整備する必要がある。そのために専門家集団が雇用される。

ここでは、運転および保守に係わるものについて述べる。

7.9.1 運営・保守と契約

プロジェクトの調達範囲をどのようにするかは、施主およびドナーである JICA との間で協議することとなるが、そのための検討資料はコンサルが作成する。これまでのプロジェクトでは、鉄道施設の建設、車両の納入などハード

の調達が主であった。しかし、運営や保守のソフト面の支援を行わなければ、折角つくった鉄道が有効に機能せず、仏作って魂入れずになりかねない。このため、ソフト面の支援も全部ではないがODAに含まれるようになってきた。

　ハードの調達は資本勘定の資産形成であり、ODA資金で行い、据置期間を経た後、年次払いで返済することとなる。調達するハードに係わる操作マニュアル作成や教育訓練はハードに附随する業務として、その経費を建設費に含むことができる。しかし、運営や保守のための人件費、動力費および材料費などの損益勘定に係わる経費は運輸収入の中から支弁するのが基本であり、ODAの対象にはなりにくい。

　保守や保守監理業務は、ハード本体とは別に、会社と請負者間で契約を締結することになる。この契約の締結を前提として、保守マニュアルの作成および教育訓練を入札図書で請負者の業務に含めることもある。

　列車運転規則などの規程作成、乗務員養成のための教育訓練も、ハード調達の枠外で行われる。施主側コンサルの業務に含まれることもあるが、ハードの設計支援の役割を期待されており、建設主体の施主側の理解を得にくく、むしろ上記の会社設立のための専門家との連携が必要となる。

7.9.2　規程とマニュアル

　列車運転取扱や保守基準について、法令のある国もない国もある。法令がある場合は、それを受けて会社の社内規程を整備することとなる。ない場合は、日本の事例を参考に社内規程を整備することとなるが、組織構成、規程体系および規程類を安全管理の面から検証する第三者認証が必要となることもある。

　列車取扱や保守基準の基本は施主あるいは会社の雇用したコンサルが社内規程として作成するが、個々の機器やシステムの操作、取扱および保守のマニュアルについては、請負者すなわち納入メーカーが作成することが多い。コンサルと請負者間の役割分担を予め明確にし、入札図書にも規定しておけば、実施段階での混乱を少なくすることができる。例えていえば、自動車を購入したときには操作マニュアルが一緒に付いてくるが、交通法規は付いてこないのと同じである。

　社内規程とマニュアルを示す用語は目的に合わせて使い分けることが誤解を招かないために必要であり、ルール（Rule）、手続き（Procedure）、マニュアル（Manual）等を用いる。規則（Regulation）は国の規定する法令や規則に

用いられる。

　マニュアルは、プロジェクトで使用する英語の他、現地語で作成する旨を入札図書に明記する必要がある。英語版はコンサルと請負者により内容が適切であるか否かをチェックするのに用いられ、実際の作業は現地語版により行われる。現地語への翻訳はコストがかかるが、実際に使用し、保守する人間には現地語が必要である。インドでは英語を使えるのは上の階層のみであり、現場の作業者はヒンディ語あるいは他の現地語しか解さない。香港も現場は広東語である。このため、設計段階から現地人技術者も関与させて、技術そのものの理解と合わせ適切な現地語での文書作成に従事させることが望ましい。

　国内のマニュアルは必要最小限の説明のみで、あとは指導者の口頭による教育に頼ることがある。しかし、この方法は海外では通用しない。指導者の言語能力や受け手の理解力に問題があることが想定され、マニュアルは図や写真入りで、具体的かつ詳細に記述し、安全要求事項、参照文書、使用工具等も示すことが望ましい。また、マニュアルは品質管理における管理文書であり、改訂の都度、改訂箇所を明示して、バージョン管理を行う。

7.9.3　教育訓練

　ここでは機器操作および保守のための教育訓練について述べ、乗務員養成のための訓練は含まない。乗務員の教育・訓練および運転免許付与の条件は現地の法令で規定されている場合もあるので、法令に従った教育・訓練等は別途実施される。

　駅員、乗務員および保守要員の機器操作や保守の教育訓練は、階層別に行うことが効果的である。すなわち、それぞれの組織の幹部あるいは指導員クラスからなるリーダークラスを対象とした教育をコンサルや受注者が英語で行い、一般社員はリーダークラスが現地語で教育する二段階教育を提唱したい。英語での教育訓練対象者を絞り込むとともに、リーダークラスの教育・訓練を通じ、英語および現地語で作成した規程やマニュアルのフィードバックも行われる。

　教育訓練には、テキストだけではなく、理解を深めるための模型や訓練教材も使われる。訓練が進めば、実物を使った教育も行われる。必要に応じ、実技訓練用の列車運転シミュレーター、軌道、電車線、車両用機器などを用意する。これらの教材は、入札図書の中に明記する必要がある。

　教育訓練の講師確保も重要課題である。鉄道の運転や保守に通暁した人材は、

往々にして現地語はもちろんのこと英語も不得手の場合が多い。教材を如何に詳しく分かりやすく作成したとしても、通訳を介した講義は、意思疎通の面で問題がある。最終的には、講師の熱意と人格で乗り越えることになるであろうが。

7.10 現地生産と技術移転

　海外では、自国の産業育成、雇用確保を目的とした現地生産と技術移転が求められる。これは諸刃の剣であり、いずれは相手国が低賃金を武器に第三国あるいは日本に売り込みをかけるようになる。これは鉄道に限らず、他の産業分野でも起きている。かつては、日本も海外の技術を学んで、もしくは言い方が悪いが、盗んで国内産業を育成強化した歴史があるだけに、プロジェクトの受注をちらつかされると、無下に断ることが難しい。技術移転契約で、移転した技術を使用した製品の第三国あるいは日本への輸出を禁じることもできるが、契約を尊重しない相手には効き目がない。他の国の企業で行っているように、一世代前の技術を供与する方法もあるが、相手国の不満を募らせることとなる。

　もう一つの問題は、現地で期待するレベルの熟練労働者が雇用できるかである。米国における現地生産で労働者の習熟度が期待を下回り赤字に陥った[5]事例がある。新興国では、時間をかけて教育しても、さっさと転職する例は多く見受けられる。このように高度な技術、技能を必要とするものを現地生産とすることはリスクが大きいといえる。

　高度なノウハウを含む製品はブラックボックスとして輸出し、付加価値の低い組立などを現地で行うことが考えられる。その場合は、組み立てた製品の第三国への輸出でも、ブラックボックス製品は売れるので、日本としての利益は確保できるであろう。

　現地生産と技術移転の要求は、受注しようとする企業にとっては、売上の一部を現地企業に分配することと、ノウハウを現地企業に譲渡することを意味するので、容易には受け入れることができない。国家間の貿易交渉の範疇であり、国や関連企業による交渉で決まる。コンサルとしては、その結果を入札仕様書の要求事項としてまとめ、それをモニターすることとなる。

---

[5] あの新幹線メーカーが米国市場で陥った窮地、大阪直樹、東洋経済オンライン、2017年3月6日

Column 7-2

☆ 仕様書のこの部分、車体はステンレス、モノリンク式ボルスタレス台車となっているが、これはA社とB社しかできないのでは？

◇ はぁ

☆ このままでは、入札が公平でないと訴えられるかもしれないよ。入札の公平を期するために、C社も参加できるよう車体はステンレスまたはアルミニウム、ボルスタレス台車としてはどうか

◇ それならば、国内のメーカーが全部応札できますね

☆ 仕様書の他の部分も見直してほしい。また実証済の最新技術を採用することも付け加えてほしい

基本設計時に特定の鉄道事業者の車両をモデルにしても、仕様書の規定では、特定のメーカーに偏らないように注意する。これは車両に限らない。

アルミニウム車とステンレス車
（東京メトロ03系と東武鉄道20000系、中目黒、2012.05.18）

第8章　技術基準と安全認証

8.1　技術基準と規格

　鉄道システムにかかわらず、設計、製造するときは、なんらかの技術基準を参照して、具体的な構造、寸法等を決める。国内と海外（ヨーロッパ）とでは技術基準の考え方が異なる。それぞれの歴史的経緯と現状は次の通りである。

8.1.1　日本の技術規制

　明治、大正、昭和の各時代を通じて、鉄道省が鉄道技術の国産化、開発の主導権を握っていた。車両についていえば、国産化は鉄道省の直営工場に始まり、鉄道省からの発注という形で徐々に民間企業に拡大した。力を付けた民間企業は、それぞれの製品を民営鉄道（以下「民鉄」という）にも売り込むようになった。もちろん、民間企業も独自に海外からの技術導入を行っている。鉄道省は国有鉄道の運営主体であると同時に民鉄[1]の監督も行っていた。このため、構造規則や運転規則などの鉄道に係わる技術基準は鉄道省が所掌していた。

　第二次世界大戦を挟み、鉄道省は運輸逓信省を経て運輸省に改組され、運輸省は国鉄および民鉄事業の監督を行い、国有鉄道事業の実施主体として1949年に日本国有鉄道（以下「国鉄」という）が公共企業体として発足した。技術基準は、国鉄と民鉄の二本立てであり、国有鉄道構造規則および国有鉄道運転規則は実質的には国鉄が管理し、必要の都度改訂されていた。一方、民営鉄道構造規則および民営鉄道運転規則は運輸省[2]が管理していた。国鉄は、自身の調達する機器、部品や資材の購入規格として「日本国有鉄道規格（JRS）」を制定し、適宜改廃していた。戦後、1970年代までの鉄道技術の革新は、国鉄および民鉄が主導して進められ、その成果は国有鉄道構造規則や民営鉄道構造規則などに反映されている。また、新幹線の登場に合わせ、新幹線鉄道構造規

---

[1]　地下鉄などの公営鉄道も民鉄に含まれる。
[2]　この他に、運輸省と建設省共管の軌道法があるが、基本は民鉄なので、ここでは詳細は記述しない。

則および新幹線鉄道運転規則が追加されている。

　国鉄の分割・民営化以前は、国鉄の内部規程である構造規則等に具体的な構造、寸法などを規定し、技術基準として使用していた。民鉄の技術基準も国鉄のものを準用した運輸省令が使われていた。国鉄の分割・民営化に伴い、1987年に鉄道事業法が公布され、運輸省令（現在の国土交通省令）として、JR各社および民鉄双方に対応する技術基準は普通鉄道構造規則、普通鉄道運転規則、新幹線鉄道構造規則および新幹線鉄道運転規則として、国鉄と民鉄の規定が一本化された。同時にJRSも廃止され、一部は日本鉄道車両工業会の団体規格であるJRISとなったが、溶接資格などは各メーカーの社内基準となった。

　その後、国の規制緩和方針に沿って、「鉄道に関する技術上の基準を定める省令」が2002年3月から施行されている。国の関与を減らし鉄道事業者の自己責任とする考えから、JR各社を含む鉄道事業者が省令に基づいて技術的詳細を定めた実施基準を制定して、国土交通省に届けるようになった。インフラの新設、改良あるいは新設計車両新造の場合は、鉄道事業者が関連法令および実施基準に基づいて設計を行い、国土交通省から設計確認を得ている。鉄道事業者の技術陣が一定の要件を満たしていれば、設計確認事務が簡略化される。新線建設のインフラについては、国土交通省の完成検査を受ける必要がある。

　しかしながら、国土交通省令の規定は性能規定であり、具体的な数値は規定していない。その補助として、解釈基準が制定されているが、既存の鉄道に適用可能とするために、幅をもった記述となっており、新設の鉄道の設計に際し、具体的な構造や寸法などをどのように選定するかの基準は規定されていない。設計をするためには、いずれかの鉄道事業者の実施基準を借用しなければならなくなるが、企業機密を盾に実施基準の開示を拒まれる。仮に開示に漕ぎ着けても、法令や国家規格ではないことから、相手国に設計基準として認められるためには、安全であり実証されていることを証拠と合わせて説明しなければならない。JRで採用されているからといっても、そのJRから企業秘密である設計基準あるいは実施基準の開示について同意を得なければならない。

　JISだけで設計できるかというとこれも難しい。JISの課題については、後述する。

　性能規定化された省令は、個々の技術についての責任を鉄道事業者に負わせたが、当該技術採用の根拠や検証プロセスを開示させるようにはなっていない。例えば、東海道新幹線と東北新幹線にデジタルATCが採用されても、それら

を統合する規格は制定されていないので、海外案件にそのまま適用することはできない。今後、新技術が実用化されても、各鉄道事業者の企業秘密として閉ざされ、国内での水平展開はおろか海外案件に採用される可能性は小さい。インフラの海外輸出には、規格や認証の技術的なインフラを整えることが重要である。

8.1.2　ヨーロッパの技術規制

　ヨーロッパ諸国は、各国が独自に制定していた規格の統一のため、ヨーロッパ規格委員会（Comité Européen de Normalisation、CEN）を1961年に、ヨーロッパ電気標準委員会（Comité Européen de Normalisation Electrotechnique、CENELEC）を1973年に発足させ、ヨーロッパ規格（Norm Européan、EN）制定を進めてきた。ヨーロッパ連合（EU）発足に合わせ、1991年にEU指令91/440を公布し、国鉄改革を推進した。改革は、鉄道施設保有と列車運行の分離（上下分離）と列車運行事業者の自由参入を基本としている。正確には施設と列車運行を会計的に分離し、施設の建設および維持補修と列車運行を分離し、後者は競争的組織で担うようにして、鉄道の活性化を狙っていた。この結果、各鉄道は施設保有会社、列車運行会社に分かれ、列車運行会社の自由参入が可能となった。最も極端な例は、英国鉄道であり、施設保有会社、施設保守会社、車両保有会社、列車運行会社等に分かれ、施設保有会社を除いて複数社となり、細分化された。これにより、従来の技術基準を担っていた国鉄は解体された。

　鉄道に係わる技術基準は、それまで各国鉄の内部規定として制定されていた。ヨーロッパ各国は、規制緩和の中で国鉄に代わる大きな組織を新たに作ることを避けた。すなわち、技術基準の大部分を非政府組織（Non-Governmental Organisation、NGO）が制定する規格に委ね、それぞれの鉄道事業者あるいはインフラ管理者が規格に従って、安全性、信頼性、耐久性および既存システムとの互換性を証明する「セーフティケース（安全事案）」を作成して、それを第三者機関（認証機関）が認証する仕組みとした。この結果、発注も性能仕様書で行われるようになり、設計、製造および試験は規格に従って行う仕組となり、請負者が設計責任を負うようになった。設計の妥当性や安全性は施主でもなく、請負者でもなく、第三者が担保するようになった。

　事業者あるいはインフラ管理者はセーフティケース作成を外部のコンサルに

委託することが多い。認証機関の認定は「認証機関の資格要件を定めた規格」に基づいて、国が指定した認定機関が行う。事故が発生した場合は、セーフティケースが妥当であったか、認証手続きが妥当であったかが検証される。なお、国鉄改革とそれに続く技術陣のリストラで、国鉄の技術者の多くはメーカーやコンサルに転職し、その一部はセーフティケース作成に従事している。

EUの発足に合わせて、市場統合がなされたので、車両メーカーや信号メーカーの国境を越えた統合が推進された。それ以前は各国鉄とそれぞれの車両メーカーが共同で車両を開発し、国別対抗の様相を呈していたが、メーカーは多国籍企業となり、それまでのルールは変更された。メーカーの再編成により、アルストーム、ボンバルディアおよびシーメンスの三つのグループ、いわゆるビッグスリーに集約された。EU政府が主導して、ヨーロッパ内の鉄道規格統一が進められるようになった。それらの結果、規格が大きな意味を持つようになっている。

また、EU域内の鉄道ネットワーク計画、鉄道事業の技術基準統一、安全性認証や鉄道事業者認定の統一フレームをつくるために「ヨーロッパ鉄道庁（European Railway Agency）」がEU指令2004/881号（2004年4月）により設置された。もちろん、後述の技術仕様書や規格制定の方針も鉄道庁が策定する。鉄道庁に対応するインフラ管理者および鉄道事業者の連合体が「ヨーロッパ鉄道およびインフラ事業者連合体（The Community of European Railway and Infrastructure Companies, CER）」であり、66社が加盟している。

8.1.3　国際規格

WTO加盟国の政府間調達に関し、TBT（貿易の技術障害に関する）協定が定められている。これは、「工業製品等の各国の規格及び規格への適合性評価手続き（規格・基準認証制度）が不必要な貿易障害とならないよう、国際規格を基礎とした国内規格策定の原則、規格作成の透明性の確保を規定（日本工業標準調査会ホームページ）」している。このため、JISも国際規格との整合性をとるため、改訂が行われている。

ODA等による鉄道プロジェクトは国際調達を基本とし、国際ルールに基づいた入札図書を作成しなければならない。入札図書の技術要求事項は、国際的に認知されている規格やその国の技術基準を引用して作成される。新興国や発展途上国においては、その国の技術基準が整備されておらず、必然的に英文の

国際規格および標準が採用されることが多い。JISは英文化されたものが少ないことから、引用規格から除かれていた。しかし、台湾高速鉄道の経験から英文のJISが必要とされ、英文化も進められ、入札図書に引用されるようになってきたものの、後述の課題から、全面的に採用されるに至っていない。

国際規格は、国際標準化機構（ISO）や国際電気技術委員会（IEC）等の国際機関が制定したもので、制定や改訂に際し、それぞれの国内委員会の意見を反映している。規格制定には、規格草案作成から制定まで関係国の協議を含めたいくつかの段階を経るため、規格制定まで数年の歳月が必要であり、技術の進歩に追従できないことから、ISOについてはウィーン協定（1991年）、IECについてはドレスデン協定（1996年）により、一つの地域で使用されている規格については、途中のステップを省略して、一挙に関係国による規格原案への賛否投票からスタートして、規格制定までの期間を大幅に短縮する「迅速手続」が制度化された。

この結果、ヨーロッパ規格（EN）がISOやIECになるケースが増えてきた。理論的にはJISも国際規格とすることはできるが、言葉や投票数の壁[3]から、極めて難しい。この壁を乗り越えるために、規格制定段階から各種ワーキンググループに日本側も参加し、相応の役割を果たすようになってきた。この活動は鉄道技術総合研究所（以下「鉄道総研」という）内に鉄道国際規格センターが設置されたことにより加速されている。

8.1.4 ヨーロッパ規格とJIS

CENおよびCENELECにより、ENとして膨大な規格体系が構築された。鉄道の分野においても例外ではなく、個々の機器や部品はいうに及ばず、鉄道システムそのものの規格も整備されてきた。大きな動機は高速鉄道網拡大に伴う高速鉄道関連の規格統一、貨物輸送の自由化に関連した規格制定等である。同時に、デンマーク、ベルギー、オランダのような小規模かつ独自の技術開発能力の乏しい鉄道でも、設計、製造方法、製造資格認証に困らないように、きめ細かく規格を制定している。

2004年のEU加盟国拡大に合わせ、それまで規格制定を間接的に支援する立場にあったヨーロッパ鉄道工業会（Union de Industrie Ferrovierre

---

[3] 国際規格はフランス語と英語で書かれる。また、国際規格制定は加入国の投票で決まるが、日本は1票であるのに対し、EUは加盟国がそれぞれ1票を有する。

Européanne, UNIFE) は、鉄道関係部品を製作する工場認証規格、国際鉄道工業標準（IRIS）の開発を行い、実行に移すようになった。このスキームの中で、ビッグスリーは鉄道関係の EN、国際規格（ISO、IEC）、UNIFE の規格（IRIS）等の制定に大きな影響力を持っている。また、ビッグスリーとの取引を希望する企業は、IRIS による認証を認証機関から取得する必要があるとされている。IRIS 認証を取得するメリットとしては、「認証を取得した企業は、良質なサプライヤーであることを証明される」、「IRIS 認証取得企業は、主要鉄道ビジネス製品のバイヤーが使用する UNIFE のデータベースに登録される」、「鉄道ビジネスでの要求事項標準化、自社製品の品質向上、効率的手順によるサプライチェーン全体の品質向上につながる」、「顧客との契約確保・維持おいて、サプライヤーに優位性をもたらす」、「ISO 9001 と IRIS が共通の要求事項を持つことから、同時認証の形で IRIS 認証が取得されるため、個別取得と比べてコストが削減できる」、「自社の顧客からそれぞれ要求される審査を個別に受審するのではなく、包括的な 1 回の審査の受審で完了できる」といったことが挙げられる[4]。

IRIS は 2006 年に規格制定されて以来、ドイツ、中国、フランスなどの鉄道部品メーカーを中心に認証取得が進み、現在、600 以上の企業で認証取得されている。海外ではシステム規格の考え方をベースにモノづくりが進められるのに対して、システム規格よりも製品規格を重視してきた日本企業の認証取得数は、わずか 10 社というのが現状である。

これは、ヨーロッパ規模で統合したメーカーにとっても大きな武器となり、域外からの参入を防ぐとともに、ヨーロッパ製品の売り込みのため、上記の迅速手続き採用により、EN を国際規格とする動きが加速された。

米国はヨーロッパとは異なる規格体系を採用しており、旅客鉄道に関しては製品やシステムの輸入が主であるため、米国規格に基づいた購入仕様書を制定している。ヨーロッパ企業であっても米国規格を守ることが義務付けられている。したがって、ここでいう輸出市場は米国を除く市場である。

鉄道関係の EN と JIS の比較を表 8-1 に示す。

---

[4] http://certification.bureauveritas.jp/CER-Business/IRIS/

表 8-1 鉄道関係 EN と JIS 比較

	EN	JIS
適用範囲	EU 域内各国	日本国内
規格制定体制	EU 各国からの委員による合議制	学識経験者、鉄道事業者、メーカー代表による合議制
国際規格との互換性	ウィーン協定およびドレスデン協定により迅速手続で ISO、IEC に格上可	理論的には迅速手続可能であるが、言葉の壁等で困難
システム規格	システム全体を規定する規格が多い	システム全体は関係法令で規定し、システム規格が少ない
ハードウェア規格	個々の機器、部品について制定	同左
ソフトウェア規格	ソフトウェア作成手順、作成者評価等について制定	規定なし
信頼性、安全性等の規格	RAMS 規格、RAMS 規格適用指針、認証手続等について制定	規定なし（法令に堅牢、安全であることの規定）
設計標準	規格制定	通勤電車等の一部規格制定
製造方案	規格制定	規定なし（メーカー各社の社内基準）
製造資格	溶接等の一部について規格制定	規定なし（必要に応じて法令に規定）

8.1.5 JIS の課題

　WTO 協定に対応するため、JIS の国際規格への整合性が進められてきた。また、国際規格制定に日本の意見を反映させるために、ISO や IEC 鉄道部会の作業部会に積極的に参加するようになり、それを支援するため、鉄道総研に鉄道国際規格センターが設置された。

　JIS 自身の課題として、一つは、設計標準、製造方案および製造資格に関する規格がないことである。製造方案や製造資格認定についてはかつての JRS に規定されていたものの、JRS 廃止に伴い、それぞれが各社の社内基準に留まっており、公開されていない。このため、海外プロジェクトで、台車の溶接規格や溶接作業者に資格について公的な文書による証明ができないので、EN を適用せざるを得ない。すなわち、溶接技術の基本について EN による認証を得なければならなくなる。また、最近の信号システムはコンピューターによるソフトウェアで構成されており、信号システムが安全性および信頼性を満たしているか否かを立証するために、ソフトウェア作成手法および作成者の資格が重要となっている。しかしながら、JIS には鉄道システムのソフトウェア作成者の

資格認定の規格がないので、ソフトウェア作成者の資格認定がENによって行われるという事態になっている。日本の技術が如何にものづくりとして優れていても、公に証明することができなければ、ヨーロッパのやり方に従わざるを得ない。製造方案や製造資格認定のJIS規格制定については、各社のノウハウを盾に共同歩調が取れないのが現状であり、この面でも将来に禍根を残すことになるであろう。

　二つ目は、規格認証の体制が整っていないことが挙げられる。上記課題とも関連するが、設計標準等がないことから、個々の製品がJISを満たしていても、システム全体としてJISに則って設計、製造されたことを第三者が認証する体制がない。これは、ODAの現場でも、最終製品の品質をどのように担保するかの有効な方策がなく、結局はヨーロッパ系のロイドやテュフといった認証機関の認証を得ることとなる。これら認証機関は日本国内でのビジネスを見越して日本の鉄道技術も勉強している。JISだけでは設計、製造、試験を全てカバーできないので、最悪のケースとして、ENによる設計や製造を求められることにもなりかねない。それに対抗するため、交通安全環境研究所に鉄道認証室が設置されて、国際認証への対応も推進されているが十分とはいえない。

8.1.6　ODAの現場で

　円借款での鉄道建設において、外国製品が導入され、日本の鉄道技術輸出につながらなかった苦い経験があり、2003年度から、我が国の優れた技術やノウハウを活用し、途上国への技術移転を通じて我が国の「顔の見える援助」を促進するため、「本邦技術活用条件」すなわち、STEP制度が創設された。

　現在、ベトナム・ホーチミン市都市鉄道、インドネシア・ジャカルタ都市鉄道、インド貨物専用線等の建設プロジェクトがSTEP案件として進められている。

　これらのSTEP案件の都市鉄道プロジェクトに呼応し、日本の鉄道技術輸出のツールとしてSTRASYAが作成された。これは、鉄道ビジネスにおいて世界で最も成功を収めている日本の鉄道技術、およびノウハウを基礎としており、安全性が高く定時性に優れ、かつ車両重量が軽いため、エネルギー効率のよい省メンテナンスな鉄道のオペレーションが可能になることをねらいとしている。しかしながら、幹線鉄道であるJRを中心とした技術データの記述が中心であり、規格あるいは技術仕様書としての要件を備えていない。また、地下

鉄やプラットホームドアへの対応も不十分であり、実際に使うには課題が多い。したがって、欧州を中心とした規格戦略への対抗という意味で成功したとはいい難い。

　日本の規格は、前述のように、個々の装置、部品や材料については整備されており、国際規格との整合化も図られている。しかしながら、鉄道システムとしての規格、製造方案や資格に関する規格は少ない。これは、鉄道事業者の力が強かったために、システム設計は鉄道事業者が行い、システムの一部をそれぞれのメーカーに分割発注し、システムを規定する規格制定の必要性がなかったからである。また、製造方案や資格に関しては、かつて JRS に規定していたが、1987年の国鉄の分割民営化の結果、JRS が廃止され、個々のメーカーの社内規定に移行し、公的資格の性格が失われた。

　海外案件では、それぞれの国内法規が不十分なこともあり、ヨーロッパ式の設計認証システムが採用され、設計条件および適用規格に基づいて設計したものについて、設計当事者ではない第三者による設計審査、RAMS 計画などの第三者認証などを、施主あるいは現地国政府が受け入れるシステムが採用されている。

　安全性認証に関しても、国内の制度が使えないので、RAMS 計画や第三者認証などを採用している。ホーチミンの都市鉄道案件では借款供与の条件として STRASYA が採用されたが、上記のように全てを JIS で賄うことにはならなかった。同時に、外国企業によるベトナム側へのプロモーションもあり、レールや信号システムについては EN、IEEE 等との比較も行い、ベトナム側が最適と考える規格を導入することとなった。同様の事例は、他の国々にもあり、常に日本技術とヨーロッパ技術との比較が求められている。

　以上述べたように、海外案件の多くは国際規格が採用されている。国際規格への日本の関与が増えているとはいえ、日本の鉄道技術、すなわち JIS を採用してもらうためには、規格としての体系整備、認証制度の整備が必要となる。特に安全性認証に関しては、海外案件で第三者認証が求められているが、交通安全研究所が信号システムの安全性認証機関として認められたのみである。結果として、ロイドやテュフといった外国勢が認証を行うことが多くなる。

　一方、国内案件でも、つくばエクスプレスのような新線開業、中小鉄道の改良や維持には技術的サポートが必要となっている。JR や大手事業者が手を差し伸べるか、コンサルの活用によって、解決すべきであろう。これにはシステ

ム設計、設計基準、製造方案、製造資格も含めた JIS の整備と安全を含めた認証制度の整備も必須となる。また、新規技術の採用についても従来のように学識経験者を交えた委員会を立ち上げて判断するには時間がかかる。

今後の課題は、台頭する中国にどのように向き合うかである。ODA 案件は世界銀行、アジア開発銀行（ADB）などの米国、日本を中心とした金融機関あるいはヨーロッパ開発銀行が融資を行ってきたが、中国が主導するアジアインフラ投資銀行（AIIB）が活動を始めると、中国マネーと合わせて中国規格採用も視野に入れた議論が必要となる。中国規格は ISO や IEC を基本としているが、それから変更されたものもある。これまでは英語ベースの国際規格を使うことで一定の歯止めをかけてきたが、AIIB 融資案件に日本勢が応札しようとすれば、中国規格ならびに中国ベースの認証制度に従うことも求められることも考えられ、JIS の影はますます薄くなる。

これらの解決のためにも、国際規格の方法論を参考に、世界に通用する日本的システムを確立する必要がある。

8.2　安全認証

日本の鉄道の安全認証は、大きく二つのものがある。一つは、運転取扱や安全管理組織にかかわるものであり、鉄道事業者が鉄道事業法および国土交通省令に沿って、実施規則および細則を国土交通省に届け出て、国土交通省がそれを受理することで、安全を担保している。もう一つは、技術基準であり、鉄道事業者あるいは鉄道・運輸機構等の建設主体が、国土交通省令「鉄道の技術基準を定める省令」に沿った実施基準を届け出て、具体的な設計は事業者あるいは建設主体が自身で設計が省令に適合していることを確認し、設計確認を国土交通省に届け出て、国土交通省が受理することで、安全を担保している。

国鉄分割・民営化によって、1987 年 4 月に従来の国鉄の建設規定や構造規程は、運輸省（当時）制定の新幹線鉄道構造規則や普通鉄道構造規則に改定された。これらでは、具体的な寸法等を規定していたが、規制緩和の一環として、鉄道事業者の創意工夫による新技術導入や行政の簡素化のために、省令の性能規定化が進められ、2002 年 3 月に「鉄道に関する技術上の基準を定める省令」が公布され、実施細則は事業者による届け出となった。しかし、省令だけでは、具体的な要求事項が明確ではなので、それまでの構造規則と省令のギャップを

埋めるため「解釈基準」が発行された。解釈基準は、「施設編」、「電気編」、「車両編」から構成されている。しかし、JR各社、公営鉄道、民営鉄道それぞれの技術の成り立ちが異なり、それらを統一するには至らなかったので、解釈基準は各鉄道の基準と矛盾しないように幅を持たせた規定となっている。したがって、個々の鉄道事業者は既にある設備や車両を基本として、その延長線上にそれぞれの実施細則を策定している。したがって、海外案件のように全く新たに建設基準や設計基準を策定する場合は、ひな型となるJRあるいは公営鉄道の基準を準用することとなる。しかしながら、ひな型となる基準は過去の経験の積み重ねで現在のものになったので、個々のものについて、解釈基準に合致することは示せても、解釈基準から個々の技術基準を導き出すことはできない。

以上述べたような省令および解釈基準が持つあいまいさ、あるいは柔軟性から、海外で鉄道を建設する際の設計、建設あるいは保守基準を提案するに際して、日本の省令および解釈基準のみを根拠として、設計、施工および保守を行えば十分な安全性や耐久性が得られることを相手国の施主あるいは事業者に説明するのは難しい。彼らは、白紙の状態で日本のコンサルと議論しているのではなく、既にいろいろな情報を雑誌、欧米のコンサルやメーカーから得ているので、彼らの得ている情報と比較して、日本側の説明が受け入れ可能か否かを判断するからである。

一方、上述の通り1992年のヨーロッパ市場統合に際して、鉄道に限らず各国の安全にかかわる技術基準を統一しようとの試みがEUでなされた。しかし、統一的な技術基準を策定することはできなかった。各国の技術基準の考え方や歴史的背景が異なるためである。同時に、コンピューター技術の発達から、それまでメカニカルな駆動機構、インターロックやリレーで構成されていた制御システムがコンピュータープログラム（ソフトウェア）によるものに置き換えられるようになってきた。リレーを含めたメカニカルな制御システムでは、個々の構成要素の強度や作動順序が目で見え、設計段階での検証が比較的容易であり、問題があれば、個々の要素の変更で対処できたのに対し、ソフトウェアの構成およびプログラムの詳細は容易に検証できなくなった。また、ソフトウェアによる制御システムの巨大化に伴って、ソフトウェアのトラブルが大きな影響を及ぼすようになった。メカニカルな制御システムは、故障の際に安全側に動作する（フェールセーフ）設計ができるが、ソフトウェアによる制御システ

ムでフェールセーフか否かを検証することが難しくなっている。このような背景から、個々の安全規格ではなく、ISO 13849-1 システム安全規格、IEC 60204 電気設備安全規格および IEC 61504 電気・電子・プログラマブル電子装置の安全規格などにみられるように、製品の定性的あるいは定量的な安全性能に立脚した、性能標準化の考え方に移行した。

鉄道技術は経験技術といわれ、過去の事故や故障の原因究明と対策の積み重ねで、その都度技術基準が改廃されて、今日に至っている。しかし、上記のように、コンピューター技術の発達は、技術基準の在り方を大きく変えた。すなわち、事後安全計画から事故や災害の発生を未然に防止するための事前安全計画の方法論すなわちシステム安全手法が取り入れられるようになり、計画および設計段階で事前に安全性や信頼性を評価する手法が開発され、運用されるようになった。ISO 9000 シリーズ、IEC 62278 RAMS 規格、HAZARD 分析、FMECA（Failure Modes Effects and Criticality Analysis）である。

上記の背景から、EU 全体の動きと相まって事前安全計画への転換が図られた。同時に、車両や施設の調達方法も変わり、列車運行会社あるいは車両運行会社は性能仕様書で発注するようになり、具体的な設計は請負者の裁量に任されるようになった。しかし、性能仕様書のみでは、どのようにして安全や耐久性が保証されるか不安があり、RAMS 計画やセーフティケースなどの書類作成と第三者による認証を義務付けることとなった。ヨーロッパの国鉄改革に伴って、多くの技術者が職を失い、コンサルタントあるいはメーカー側の技術者として、これら書類の作成および審査を行うこととなった。この流れから、文書至上主義がヨーロッパ各鉄道に蔓延することとなった。

受取検査（Commissioning）を終え、開業にこぎつけるが、公的機関による安全認証取得の問題が残っている。日本の法令では、国土交通省による完成検査を受けて、開業許可が下りる。ヨーロッパではヨーロッパ鉄道庁が、鉄道インフラ管理者あるいは車両リース会社などから提出されたセーフティケースを審査して、安全証明を発行する。

しかしながら、このような、法制度が整備されていない国では、誰がどのように安全認証を行うかが課題となる。官僚制度の発達している国では、鉄道建設あるいは運営を担当する官僚は、一般的には任期中にリスクを冒すことを避け、重要な決定を先送りし、任期を全うすることを考えている。ロイドやテュフのような認証機関による認証で公的機関の認証に代えることも考えられる

が、その費用を誰がどのように支払うかも問題となる。相手国の政府の本来業務であり、それに対してODAの借款の範囲に含むのは筋違いとの意見もあって、相手国政府が支出することになる。しかしながら、ODA対象国政府の財政事情が厳しく、認証機関の要求する費用を予算化することは難しい。安全証明を請負者の責任に負わせることは、事故発生時の賠償責任まで含むことになりかねないので、保険でカバーするにしても、そのようなリスクまでを受注価格に含めることは非常に難しいといわざるを得ない。また、鉄道は公共財であることを考慮すれば、政府の責任を免れるものではない。したがって、日本の法制度あるいはEUの法制度をベースとした安全認証の制度設計について、予め相手国政府とドナー側とで協議する必要がある。これはプロジェクト全体に影響するので、初期段階で明確にして、入札図書に開業検査の具体的な手順と検査機関を明記することが重要である。

日本のODA案件では、日本の鉄道技術専門家のうち鉄道会社出身者はRAMSのような事前安全計画の方法に慣れておらず、RAMSを敬遠する傾向がある。また、コンサル側もメーカー側もRAMSのような文書作成は余分なコストがかかり、大変との認識があるが、国土交通省令および解釈基準のみでは安全性の証明は国内で通用しても、海外案件では、相手国政府あるいは鉄道が安全について、第三者認証などの何らかの根拠を求めているので、RAMSなどの文書作成が必須と考えられる。EN規格のRAMSはセイフティケースと一体化する方向での改訂作業が進められおり[5]、いずれはIEC 62278の改訂にもつながる。後述のRQMS制定の動きも考慮すれば、日本国内でこれらドキュメントの第三者認証ができることが望ましい。

8.3 鉄道のパフォーマンス評価

ISO 9000シリーズは各産業の品質管理に広く使われている。これをベースに鉄道の品質を評価する動きがある。RQMSすなわちISO/TS22163 (Railway applications -- Quality management system -- Business management system requirements for rail organizations: ISO 9001:2015 and particular requirements for application in the rail sector)[6]である。組織運営はISO 9001

---

[5] IEC 62278 (RAMS) の改定始まる、松本雅行、JREA、2019年2月号
[6] ISO事務局ホームページ

をベースに、施設や車両の評価は IEC 62278（RAMS）規格をベースとしている。2015 年ヨーロッパの鉄道産業団体 UNIFE が既に制定した IRIS 規格をベースとした ISO 規格化を提案し、国際審議と投票を経て ISO/TS 22163 が成立し、2017 年 5 月に発行された。その後、ISO において改良審議中で、2021 年に TS が取れた国際規格として発行される予定となっている[7]。

国内の鉄道事業者、メーカーは多くが ISO 9001 の認証を取得しているので、ISO 9001 に対しては理解があるが、RAMS については国内での適用事例がなく、海外プロジェクトでもできれば回避したいとの動きもあるので、RQMS の発行は鉄道運営に大きなインパクトを与えるであろう。

海外プロジェクトでも、勉強熱心な施主がいれば、この規格への対応を検討させられることとなる。RAMS は確率論での解析やデータ取得が容易な電子機器を対象に始まったが、現在ではブレーキ部品のように電気機械系にまで適用範囲が拡がっている。しかし、軌道や電車線にまで拡大することは、過去の実績データ収集を含め課題が多いといえる。

Column 8-1

☆ RAMS を要求しているが、こんな面倒なことはやりたくない
◇ 仕様書の要求事項で、安全認証の条件にもなっているので、やらない訳にはいきませんよ
☆ どこか外注に出して、片付けられないか。外注先を探してくれ
◇ A 社が○○円で請けるということですが、必要なデータは提供してほしいといってます。また、提出後の修正は別に請求するそうです
☆ それでは全体でいくら金がかかるか分からないではないか。おまけに設計データを提供したらノウハウが外に漏れるよ
◇ 自社でやるしかないですね

RAMS は計画段階から、設計、製造、施工などのプロセスのデータを積み重ねて信頼性、アベイラビリティ、保守性および安全性を実証する手法なので、人任せにするとノウハウが自社内に残らず、次のプロジェクトも人任せにせざるを得なくなる。

---

[7] RQMS とは、外山潔、鉄道車両工業 489 号、2019 年 1 月

終章　SIやPMを目指す方に

　海外で鉄道を建設するときの業務の進め方と課題について第1章から第8章に述べた。多くの文書作成が要求されることに驚かれるであろうが、性悪説に立って契約を結ぶ海外案件では必須である。しかし、多くの文書はFIDICやJICA標準等に従って一定のパターンで作成し、記載する内容もそれほど大きく変わるものではない。したがって、経験を積んだ専門家の下で、試行錯誤を重ねながら経験を積むことで、入札図書作成と運用の勘所がつかめるようになる。このようにプロジェクトでの経験を積み重ねながらSIやPMへの階段を上って行くことになる。優秀なPMやSIの指導があれば、本人の資質もあるが、階段を上がる速度を速めることも可能であろう。

　本書の冒頭でも述べたように、海外プロジェクトの増加に対し、PMやSIが不足しており、従来のように経験を積み重ねながら時間をかけて養成することでは対応できない。このため、鉄道における業務経験者、他分野でのプロジェクト監理経験者等に本書で取り上げた海外プロジェクトの業務の進め方、注意しなければならない点などの知識を習得し、以下の注意点を実践して、海外プロジェクトのPMやSIとして活躍できることを期待している。

　本書の随所で述べているように、コミュニケーションが重要である。英語がつたなくても、何をいいたいのか、したいのかを論理的に伝える能力が求められている。特に、海外プロジェクトの組織は、コンサル側も請負者側も、プロジェクトのために新たにつくった寄り合い所帯である。人種も、言葉も、技術的バックグラウンドも異なる人間の集団であり、初対面の人間も多い。このような集団では、空気を察してとか、以心伝心は役に立たない。コミュニケーションと自己主張が必須となる。自己主張が強すぎても問題があり、借りてきた猫のように片隅で黙っていれば用が足りるとも思わない方がよい。コミュニケーションを重ねて相手と仲良くなり、自分の能力も評価してもらえるようになる。

　日本の技術が絶対との思い込みは危険である。第1章に述べたように、いくつかの分野では立ち後れている。自分の専門分野について、世界と日本の技術を謙虚に比べて見ることを勧める。それぞれの技術を支える社会的背景が異なっていたことから、発展の方向が違っている。日本に比べてだめということ

はたやすいが、国際規格制定の場では、日本は圧倒的に少数派であり、好むと好まざるに関わらず、海外の技術を無視することはできなくなっている。井の中の蛙にならないで、常に世界の技術を勉強し続けなければならない。施主も貪欲に文献を読んでおり、欧米のメーカーやコンサルが売り込みに来ることもあり、施主との技術論議に欧米技術との比較は常に要求される。質問に的確に答えられなければ、無能のレッテルを貼られるかもしれない。死ぬまで勉強である。

　筆者のこれまでの海外プロジェクトでの経験をもとに、仕様書や設計書のチェックポイントをとりまとめた。技術仕様書や工程表は実例を示しての説明が理解しやすいと考えられるが、コンサルの守秘義務もあり実際の資料、データや具体的な失敗事例を提示することができないことをお詫びする。しかし、従事したプロジェクト毎に失敗事例、成功事例の教訓をまとめていけば、それが大きな財産になる。成功事例は自慢話として語り継がれることが多いが、失敗事例は残りにくい。しかし、失敗があれば、次の機会に仕様書や設計書を見直す契機となる。失敗事例を教訓として積み重ねることができれば、アウトプットである仕様書や設計書の質が上がることにつながる。失敗こそが大きな財産といえる。

　安全は重要である。しかし、絶対安全はない。コンサルが行うのはエンジニアリングサービスであり、限定合理性（与えられた条件）の中で、コストと工期を勘案して最善の提案をすることである。安全についても、事故ゼロのような精神論ではなく、ALARP（As Low As Reasonably Practicable）、「リスクは合理的に実行可能な限り低く」の原則で設計、製造、設置することが国際的に採用されている。この原則に沿って、RAMS規格による安全評価も行われる。事故が起きてから対策を考えるのではなく、予め考えられるリスクを洗い出し、設計段階からリスクを低減する方策を検証し、評価し、最善のものを採用するのがRAMSの考え方である。RAMS規格により事前に安全評価を行う。これは機器レベルだけではなく大規模なソフトウェア・システムにも適用される。ISO 9001と合わせRAMS規格、さらに、プロジェクトマネジメント規格はコンサルの武器となる。

　プロジェクトの数に対し、技術専門家ましてやSIやPMは圧倒的に人手不足であり、上記の能力や知識を身につければ、かなり高齢になっても仕事の場には困らないであろう。

さらに付け加えると、日本の鉄道事業は少子高齢化で大きな発展が望めない。車両や部品メーカーも中国、韓国、インド等の人件費の安い国々に追い上げられ、ものづくりの競争力は落ちている。その閉そく状況を克服するには、システムインテグレーションというソフトパワーしかないであろう。

　また、苦労は多いが、自分が携わったあるいはまとめ上げたプロジェクトが当該国の人々に受け入れられ、利用されるのを見ると感慨もひとしおである。一度この達成感を味わうと忘れられないのも事実である。

　さあ、SIそしてPMへの階段を上ろうではないか。

資料1　レールと鉄車輪の歴史

1　車輪とレール

平行に並べられた2本の鉄レールの上を、内側と外側の直径を変えたテーパー付車輪が走行するシステムである、鉄道は19世紀の偉大な発明の一つといえよう。テーパー付車輪の機械的なフィードバック機構によって、特別な操舵機構なしで曲線をスムーズに走行し、直線では安定した高速走行を実現している。溝付車輪でも、自動車のようなゴムタイヤ車輪でもこうはいかない。

その原型は、1556年に刊行されたアグリコラ（Agricola）が著わしたデ・レ・メタリカ（De Re Metallica）に掲載されている、14～16世紀に中部ヨーロッパで開発された軌道システムに遡ることができる[1]。当時の状態を復元した原寸大模型は、ベルリンのドイツ技術博物館とヨークの国立鉄道博物館で見ることができる。

ベルリンのものは、写真附1-1に示すように、丸太のレールに木の車輪を使用し、車輪は鼓状に加工され、ガイドの役割を果たしている。その後、丸太は角材に、ガイドも中心ピンに代わっている。さらに、木のレール表面に鉄板を張って耐久性を増し、車輪も木製輪心の周りに錬鉄の帯を巻いたものが使われるようになった。鉄板も1767年までは鋳鉄が用いられた。

鉄レールの上を鉄車輪で走行すると抵抗が少なくなるので、ベンジャミン・アウトラム（Benjamin Outram）とジョン・カー（John Curr）がプレートレール（Plate Rail）を考案した[2]。鋳鉄で走行面と直角にガイド用部材を取り付けた断面がL形のレールである。鋳鉄または錬鉄で製造されたフラットな鉄車輪がレール上を走行し、車輪はレールの垂直面でガイドされている。1797年製のピーク・フォレスト軌道（Peak Forest

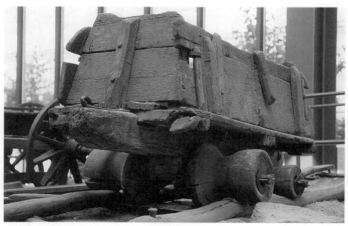

写真附1-1　木製レールの石炭運搬車（ドイツ技術博物館、1994.10.05）

---

[1] P.1, The National Railway Collection, National Railway Museum, William Collins Sons & C. Ltd., 1988年

[2] P.85, The National Railway Collection, National Railway Museum, William Collins Sons & C. Ltd., 1988年

Tramway)のオリジナルの車輪とペニダレン軌道(Penydarren Tramway)で使用されたレールが保存されている(写真附 1-2 参照)。

今日のレールの原型ともいうべきエッジレール(Edge Rail)とフランジ付車輪は、ウィリアム・ジェソップ(William Jessop)が1792年に発明した[3]。エッジレールは鋳鉄製で、まくらぎに支持されていない部分の強度を増すため魚腹型としている。写真附 1-3 に示すように、I形断面のレール上をフランジ付車輪が走行し、曲線や分岐器はフランジによってガイドされている。車輪はヴェイル・オブ・ベルヴォア鉄道(Vale of Belvoir

写真附 1-2　鋳鉄 L 形レールと鉄車輪(ドイツ技術博物館、1994.10.05)

写真附 1-3　フランジ付車輪と I 形レール(英国国立鉄道博物館、1994.09.09)

---

[3] P.85, The National Railway Collection, National Railway Museum, William Collins Sons & C. Ltd., 1988 年

Railway) の1815年製貨車、レールは、リバプール・アンド・マンチェスター鉄道 (Liverpool and Manchester Railway) のもので、レールの長さは15フィート (4.5メートル) となっている。

レールと車輪の形状に多くの改良が加えられ、今日の形が生まれた。

山岳鉄道あるいは地下鉄建設に建設費を左右する要因の一つははこう配である。鉄レールと鉄車輪で、どれだけのこう配が許容されるか。貨物鉄道や幹線鉄道では機関車の牽引できる客車や貨車の両数をなるべく多くしたいので、急曲線があっても1000分の5（5‰）や10‰が選定される。動力分散式の電車が使われている鉄道では、箱根登山鉄道の80‰が最も急である。通勤輸送にも使われている鉄道としては、神戸電鉄の50‰が実用上の限界と考えられる。山手線等では35‰を採用している。リニア地下鉄やゴムタイヤ式鉄道の謳い文句として、50‰以上のこう配が可能とあるが、実際は鉄車輪と大差はない。また、リニア地下鉄の推進やブレーキにリニアモーターが使われているが、下り坂で電源が喪失した場合は機械ブレーキで降坂せざるを得ないので、一般の鉄道と同じ条件となる。

レールの材質や製造方法にもいろいろな種類がある。軸重が30トンを超す貨物鉄道では、レールは圧延されたように消耗するので、高い強度が要求される。軸重が軽くても、曲線区間ではレールが摩耗するので、摩耗に強いHH (Head Harden) レールが使われる。

2 軌間（ゲージ）

レールの内側の間隔を軌間（ゲージ）という。1,435mmを標準軌、それより広いものを広軌、狭いものを狭軌としている。

現存する広軌は、1,676mm、1,600mm、1,524mmで、狭軌は、1,372mm、1,067mm、1,000mm、915mm、762mm、610mmなどである。1,600mmや1,000mmはきりのいい数字だが、その他はなぜこのように決めたのだろうか。鍵は英国で使用されている単位系のヤード・ポンド法にある。1,676mmは5フィート6インチ、1,524mmは5フィート、1,372mmは4フィート6インチ、1,067mmは3フィート6インチ、915mmは3フィート、762mmは2フィート6インチ、610mmは2フィートとなり、それぞれきりのいい数字となる。しかし、標準軌である1,435mmは4フィート8 1/2インチと中途半端な数字となっている。何故だろうか。

鉄道が生まれた当時、鉱山の荷車の車輪中心間隔が5フィートだったので、車輪の内側にフランジを付けると狭くなり、エッジレールの内側の間隔を4フィート8 1/2インチ（1,435mm）にしたと考えられる。蒸気機関車が発明される遙か前から、鉱山で使用されていた荷車の規格が引き継がれている。人が押したり、家畜が引いたりする車の大きさとして、車輪中心間隔5フィートはちょうど良かったのであろう。

初期の蒸気機関車のボイラーは車輪の内側に設けられているので、ボイラーの大きさ、すなわち出力は軌間に制約される。軌間を広げ、出力を大きくするため、広軌が提案された。ブルネルは軌間7フィート3/4インチ（2,362mm）の広軌鉄道を建設した。このほかに、1,676mm（写真附1-4参照、インド、スペイン、ポルトガル）、1,600mm（アイルランド、ブラジル、オーストラリア）、1,524mm（ロシア）の軌間が採用されている。スペインやロシアは機関車の性能向上の他に、ナポレオンの軍隊に国土を蹂躙された苦い経験から、隣国からの鉄道直通を妨げる狙いがあった。

軌間を狭くし、小断面の車両を運行すれば、鉄道用地幅を狭くし、トンネル断面や曲線半径を小さくできるので、大きな輸送力を必要としないで、建設費を安くしたい場合に狭軌が採用された。1,067mm、1,000mm、910mm、726mm、610mmおよび500mmなどである。日本は、最初に3フィート6インチ（1,067mm）軌間を採用し、鉄道網を

写真附 1-4　広軌のインド鉄道（デリー・オクラ駅、2011.11.20）

整備した。経済の発展に伴い速度や輸送力増強の要求が高まり、広軌（標準軌）に改良すべきとの議論が繰り返された。しかし、鉄道網拡大を主張する意見が通り、狭軌のままで速度向上、車両の大型化を図る方針が採用された。このため、狭軌であっても建築限界および車両限界を順次拡大し、車体幅 3.0m を許容するまでになっている。最終的には、標準軌の幹線鉄道は新幹線で実現した。もちろん、標準軌で建設された私鉄も多くある。

　高速性能や走行安定性の面からは、軌間の広いことが有利であることはいうまでもないが、建設費や保守費を考慮して最適なものを選択することとなる。東南アジアの都市鉄道では、幹線がメートル軌間で建設されていても、標準軌を採用する傾向にある。これは、世界各地で標準軌の都市鉄道が建設され、標準的な仕様であれば建設費を抑制でき、保守部品の調達も容易であるとの認識からである。1,067mm 軌間の路線網を有している日本は少数派となっている。

3　異軌間を跨がる列車運行

　全ての路線が同じ軌間で建設されていれば、列車あるいは車両の直通運転には大きな障害は無い。しかし、軌間が異なる路線の間では、直通運転ができないので、旅客の乗り換えや貨物の積み替えをせざるを得ない。このような乗り換えや積み替えを省くため、次の方法が採用されている。

1) 台車交換：ロシア軌間（1524mm）と標準軌を直通する車両では、国境の駅で、車体を上げて、台車を交換している。台車交換に時間がかかるのが難点である。近年は、貨車の車軸のみを交換する方法も開発されている。
2) 貨車輸送：スイスの鉄道では、標準軌からメートル軌間に直通する車両は、メートル軌間の専用貨車に搭載して輸送している。
3) 三線式あるいは四線式：山形新幹線、秋田新幹線[4]や青函トンネルでは、一部区間を標準軌と狭軌に対応した三線式軌道を敷設して、標準軌と狭軌の列車を運転している。この場合、分岐器の構造が複雑になるとともに、列車の位置検知を行う軌

---

[4]　交通ブックス「ミニ新幹線誕生物語」、ミニ新幹線執筆グループ、成山堂書店、2003 年

道回路の構成に工夫を要する。また、積雪への対応も必要になる。山形新幹線で、標準軌と狭軌の四線軌道とする案も検討されたが、分岐器への積雪対策が難しいので、四線式を諦め、ローカル列車も標準軌車両としている。三線軌条の例を写真附 1-5 に示す。

4) 軌間可変車両：スペインのタルゴが、軌間可変車両の最初であろう。客車は左右 2 つの車輪をそれぞれ独立した軸受で支持し、2 輪は門形の台車枠を介して車体を支えている。1 組の 2 輪台車を前後の車両で共用する連接方式である。軌間可変装置の入口で台車が持ち上げられ、軸受と台車枠のロックを解錠し、車輪を広軌から標準軌、あるいはその逆にスライドさせ、所定の位置になったときに台車枠を下げて、軸受と台車枠のロックを固定する。このようにして、走りながら、左右の車輪間隔を変更している[5]。最初は客車のみ直通し、機関車は広軌と標準軌それぞれのものを使用していた。その後、動台車の軌間可変機構が開発され、動力車と客車一体の編成で、異軌間の直通運転を行っている（写真附 1-6 参照）。日本でも、軌間可変車両 GCT（Gauge Changeable Train）が開発され、長崎新幹線への採用が期待されたが、軌間可変機構の質量が大きく、狭軌区間での軌道への影響が大きいこと、可変機構の耐久性などの課題が多く、実用には至っていない。

上記いずれの方法も一長一短があり、輸送効率や運行時間を考慮すると、同じ軌間で統一することが最も望ましいといえよう。

写真附 1-5　三線軌条
（京浜急行神武寺、2012.05.27）

写真附 1-6　軌間可変列車タルゴ
（INNOTRANS、2012.09.20）

---

[5] 世界の高速鉄道、佐藤芳彦、グランプリ出版、1996 年

資料 2　鉄道へのゴムタイヤ応用

1　ゴムタイヤ駆動の挑戦

　鉄車輪と鉄レールは騒音や振動が大きいので、鉄車輪の代わりにゴムタイヤを使用する試みが行われた。

　その初めは、英国人技師ロバート・ウィリアム・トムソン（Robert William Thomson）の発明したゴムタイヤを使用したガイド軌道（1846年6月）で[1]、ロンドンのホワイトハースト商会（Whitehurst and Co.）による試験が1847年3月に行われたが、そのままお蔵入りとなった。デンマークの技師ハンセン（Hansen）とフレデリクソン（Frederikson）が1914年に空気タイヤを用いて試験をしたが、一つのタイヤの耐荷重が鉄車輪の20分の1以下と確認され、車両の軽量化の目処が立たず、実用には至らなかった。

　自動車用タイヤの製造・販売を本業とするミシュラン社は、本格的にゴムタイヤ車両開発に取り組むことになり、1929年9月10日に「ガイド機能を有するゴムタイヤの鉄道車両への応用」の特許が申請された[2]。自動車のタイヤをフランジ付きゴムタイヤに取り換えた試作車がいくつか作られた。レール頭部の幅に合わせてタイヤ幅は60mm程度で、1輪当たりの荷重は700kgに制限されていた。3軸すなわち6輪車では、全荷重制限は4,200kgで、車体の運転整備質量[3]3,290kgを差し引くと910kgが旅客および荷物積載量であるので、運転士1名と旅客10名が乗車定員となる。このことから、旅客定員を多くするためには、車輪を多くしなければならない。

　初期の量産車は1930年に製造された。ヒスパノ・スイスのセミトレーラーをベースとした全長13m、先頭の動台車は3軸、後ろの附随台車は2軸で座席数は24であった。車体は当時最先端の材料のジュラルミンで作られ、ガソリン機関を先頭に搭載し、動台車の2軸を駆動している。機関の駆動軸は推進軸、差動歯車を介して先頭から数えて第2軸を推進軸で駆動し、第2軸の駆動力は2組のチェーンで第1軸の左右の動輪に伝えられている。したがって、軸配置はB1-2である。第1軸の車輪は内輪差[4]を解消するため左右が独立している。曲線や分岐器でのガイドのため、ホィールにタイヤ径よりも大きな円盤であるフランジを取付け、タイヤとタイヤの間に軌道回路短絡用のブラシを取付けている（写真附2-1参照）。パリ～ドービル間のデモンストレーション走行では、当時としては驚異的な平均107km/hを達成し、6軸、8軸、14軸などのモデルが開発された。フランス国内では1933年から1938年に100両以上が製造され、輸送単位の小さい線区で使用され、多くは4軸台車2組のボギー車で座席数74であった。気動車だけではなく、電車や客車も製造された。ゴムタイヤ幅50～55mmと55～60mmのものがシリーズ化され、フランス国内だけではなく、米国や植民地であったアフリカやインドシナにも輸出され、1980年代まで使われていたとの記録がある。

　スポーツカーやバイクで有名なイタリアのブガッティも鉄道に進出したが、第二次世界大戦の勃発によって、ゴム、ジュラルミンや燃料の入手が困難になり、ゴムタイヤ車

---

[1]　P.94, Autorails de France Tome I, Yves Broncard/Yves Machefert Tassin/Alain Rambaud , La Vie du Rail, 1992年

[2]　P.95, Autorails de France Tome I, Yves Broncard/Yves Machefert Tassin/Alain Rambaud , La Vie du Rail, 1992年

[3]　車両自体の質量に、運転に必要な燃料、油脂、水、砂などの質量を加えたもの。

[4]　曲線通過時に外側車輪の軌跡は内側車輪のものよりも長くなる。これを内輪差といい、外側と内側車輪の回転数を変えないと、いずれかの車輪が滑る。

写真附 2-1　ミシュラン・ゴムタイヤ台車
（ミュルーズ鉄道博物館、1994.10.14）

両を含めた全ての開発は中断した。

2　ゴムタイヤ式地下鉄

　第二次世界大戦後の混乱が収まると、ゴムタイヤ車両がねらった小単位輸送は、鉄車輪の気動車や自動車が担うようになり、開発のターゲットは都市鉄道に絞られた。
　パリ地下鉄用 MP51 形の試作車が 1951 年に製造された（写真附 2-2 参照）。戦前のゴムタイヤ式車両の欠点を克服するため、レールの外側にタイヤ走行用コンクリート軌道を敷設し、タイヤの幅を広げて 2 軸ボギー台車でも鉄車輪の車両と同じ乗車人員を確

写真附 2-2　ゴムタイヤ式メトロ試作車 MP51
（パリ都市交通博物館、1994.04.24）

保した。車体長14m、幅2.5mで最大乗車人員は160名となっている。コンクリート軌道の外側に集電レールを兼ねたガイドレールを設け、案内輪で操舵している。一方、鉄車輪を残し、分岐器におけるガイドは鉄車輪のフランジで行っている。車軸は自動車と同じように差動歯車で結合し、内輪差の問題を解決している。このように鉄車輪を残すことにより、既存の鉄車輪の地下鉄車両もゴムタイヤ区間を走行できるようにした。このため、4本の走行レールと2本の集電兼ガイドレールを設けている。

ゴムタイヤは騒音低減の面では効果があるが、走行抵抗が大きくなる。また、軌道保守面でも課題が多いといえる。なお、電気は軌道の横に設けた第三軌条から集電し、走行レールに接するブラシで変電所に戻している。鉄車輪の車両では車輪からレールに電流を戻すが、ゴムタイヤ式ではガイド用鉄車輪は常にレールに接触していないので、接地用のブラシが必要となる。

パリ中心部を通る1号線および10号線、ならびに高架の環状線の2号線と6号線は鉄車輪からゴムタイヤ式に改修され、量産車（第2章写真2-3参照）が投入された。最初にゴムタイヤ式に改修された1号線はコンクリート軌道であったが、2号線からはタイヤ走行路面の耐久性を増し、保守を容易にするために、表面に溝を掘ったH形鋼に代えている。最新の14号線は最初からゴムタイヤ式で建設された。

写真附2-3 CDG VAL
（パリ・シャルルドゴール空港、2014.06.26）

3 その他のゴムタイヤ式鉄道

このゴムタイヤ式地下鉄はVALシステムを含め、メキシコ、台湾などに輸出された。なお、VALシステムは、ゴムタイヤのみとなり、曲線区間では軌道外側に設けたガイドレールで横方向の移動を制御できるが、分岐器による進路変更は中心ピンによるガイドに頼らざるを得ない。VALはフランスのリール、トゥルーズ、台湾、パリのシャルルドゴール空港などが採用している。

神戸ポートライナーやゆりかもめなどの新交通システムもゴムタイヤ式を採用し、案内輪と軌道側面に設けたガイドレールで操舵している。

ゴムタイヤ式の最大の課題は、タイヤの耐荷重が小さいので、タイヤの大きさと数で最大乗車人員が決まることである。埼玉新都市交通やとねりライナーは増加する旅客に対応するため、車両の軽量化によって乗車人員を増加させているが、限界がある。多くの需要が見込めるのであれば、ゴムタイヤよりは鉄車輪を選択するほうが賢明であろう。

資料3 モノレール

1 跨座式と懸垂式

地形的にレールを2本敷設する余裕のない場合に、車両の支持とガイドを1本のレールで行うモノレールが開発された。レールに跨がる跨座式モノレールとレールにぶら下がる懸垂式モノレールである。

跨座式の代表的なものは、ドイツで考案されたアルヴェーグ式で、羽田空港と都心を結ぶ東京モノレールに採用されている。コンクリート桁の上をゴムタイヤで走行し、案内輪を桁側面に接触させてガイドしている（写真附3-1参照）。初期のものは、2軸車で台車部分が車内に張り出していた。その後、2軸ボギー車として車体を大きくしている。さらに、乗車人員を多くするために、車体の背を高くして台車を床下に収納するよう改良した日本式が、大阪モノレール、北九州モノレール、多摩モノレールなどに採用され、中国の重慶などにも輸出されている。コンクリート桁式モノレールは、軌道の敷設に精度を要求し、普通の鉄道に比べ、コスト増となり、ゴムタイヤの耐荷重制限から、1両当りの旅客数を多くすることはできない。

鉄レールと鉄車輪を使用したモノレールは向丘遊園地で使用されていたが、現在は廃止・撤去されている。

懸垂式は、ドイツのヴッペルタール（Wüppertal）のものが有名である（写真附3-2参照）。渓谷に沿った狭い市街地の交通機関として、川の上にモノレールを建設し、1本の鉄レール上を溝付きの鉄車輪が走行し、鉄車輪2組と駆動装置から構成される台車2つで車体を吊り下げている。

鉄車輪をゴムタイヤにした懸垂式モノレールは上野動物園内の遊戯施設として建設された。フランスはドイツのものとは異なり、案内輪付のゴムタイヤ式ボギー台車が箱状の鉄軌道を走行し、台車中央から下したバーで車体を吊り下げる方式を開発した。サフェージュ式という。フランスのゴムタイヤにかける執念が感じられるが、フランス本国では実用化されず、日本の湘南モノレールと千葉都市モノレールの2つが営業運転を

写真附 3-1　東京モノレール（大井競馬場、2016.05.02）

写真附 3-2　ヴッペルタールモノレール（1995.05.16）

行っている（写真 5-4 参照））。サフェージュ式の最大の課題は建設費の高いことである。箱状の軌道は鉄の構造物であり、コンクリート桁に比べ割高となる。また、ゴムタイヤであることから 1 両当たりの旅客数に制限のあることは跨座式と同様である。

2　もう一つのモノレール

レールを 2 本敷設するよりも 1 本として建設費を安くする試みがなされている。

20 世紀初頭に、インドのパティアラの藩王（マハラジャ）が 1907 年に建設した（写真附 3-3 参照）。ユーイング式とよばれ、1 本の鉄レールで車両質量の大部分を支えるとともに走行用ガイドとしている。片側の車輪は石の走行面に接して、残りの荷重を支

写真附 3-3　ユーイング式モノレール（デリー鉄道博物館、2006.10.01）

えている。車両はドイツのオーレン・シュタイン・アンド・コッペル社が製造した[1]。鉄車輪で石の路面を走行するので、騒音が大きく、乗り心地もよくなかったと思われる。低コストを狙った狭軌鉄道に対する優位性が認められず、広く普及するには至らず、1927年までに順次廃止された。

この1本の鉄レールでガイドするアイデアは、21世紀にゴムタイヤとの組み合わせで復活した。ボンバルディア（Bombardier）社が開発したゴムタイヤメトロTVR（Transport sur Vois Réservée）またはGLT（Guided Light Transit）である。連結運転のできることがバスよりも有利と考えられ、フランスのナンシーやカーンで路面電車に代わる交通システムとして採用されている（写真附3-4参照）。自動車の走行に支障しないようにガイド用鉄レールは道路とほぼ同じ高さに敷設され、車両の車軸に取付けた溝付の車輪でガイドしている。ガイドレールのないところでも走行可能とするために、運転士がハンドルを切ればガイドレールとは無関係に方向を変えることができる。また、脱輪防止のため曲線の通過速度を低くしなければならず、タイヤとガイド輪の両方に荷重をかけるのでバスに比べて乗り心地が悪く、車両のタイヤ走行は道路の同じところに集中することから轍ができやすく、路面の頻繁な補修が必要になる。バスであれば、同じところを走行することは少なく、轍ができにくく、連接方式によってある程度の大型化もできるので、ガイド用レールのメリットがどこにあるかが疑問となる。路面電車よりも低コストで建設できるとの謳い文句で採用したが、実際に使ってみると保守費がかさみ、かえって高くついたようである。ボンバルディア社はTVRの製造を中止し、カーン市はその後、鉄軌道のLRTに改修する計画である。

同じコンセプトで、ガイド方法を変更したトランスロール（Translohr）も考案され、ミシュランの本社があるクレルモン・フェランに建設されたが、轍の問題は解決していない。ベネチアと本土を結ぶ道路橋を走行するトラムにもトランスロールが採用された（写真5-8参照）。

写真附3-4　ゴムタイヤメトロTVR（フランス・カーン市、2004.07.08）

---

[1] デリー鉄道博物館説明書から引用。

資料 4　その他の都市鉄道

1　ケーブルカー

　ケーブルカーといえば、高尾山や生駒山などの山岳鉄道が思い浮かべられ、都市鉄道として使われていることはあまり知られていない。しかし、都市鉄道として、リスボンやチューリッヒの急傾斜地に建設された短距離のものの他に、大規模なものとしてサンフランシスコのケーブルカー（写真附 4-1 参照）がある。

　サンフランシスコのものは、道路の下に暗渠を設け、その中にケーブルを敷設している。市内に張り巡らされた延長数十 km のケーブルは動力室の巻上機で常時駆動されている（写真附 4-2 参照）。車両から暗渠に伸ばしたグリップでケーブルを掴んで車両を移動し、停止するときはグリップを外してブレーキをかける。多くの車両が同じケーブルを掴むので、ケーブルは一定速度で駆動され、加減速度を大きくしないよう比較的低速である。車輪とレールとの摩擦に頼らない駆動方式のため、サンフランシスコのような急な坂の多い都市に適している。

写真附 4-1　サンフランシスコ・ケーブルカー（2005.09.28）

写真附 4-2　ケーブルカー駆動装置、サンフランシスコ・ケーブルカー博物館（2005.09.28）

　電気鉄道の技術が発達する前は、ケーブルカーの技術が地下鉄に採用された。写真附 4-3 参照のグラスゴーやロンドン地下鉄のチューブ（小断面地下鉄）である。これらは、その後、電車に変更されている。

　新しいケーブルシステムとしては広島県・瀬野のスカイレールがある。駅から高台の住宅地を結ぶため、高速駆動のケーブルシステムを採用し、車体をリニアモーターでケーブルの速度まで加速して、ケーブルをグリップするようにしている。停止の時はケーブルを外した車体をリニアモーターで減速している。興味深いアイデアだが、輸送力を大きくすることは難しいので、他の路線に採用されるまでには至っていない。

写真附 4-3　グラスゴー地下鉄
（グラスゴー都市交通博物館、1994.07.27）

2 リニアモーター

車体の支持および走行に鉄レールと鉄車輪を使い、リニアモーターで駆動するシステムはカナダのスカイトレインで実用化され、都営地下鉄大江戸線等が建設された。

リニアモーターは、車両側に設けた電磁石で回転磁界を発生させ、軌道中央に設けた導体に誘導電流を誘起させて駆動力を得る（写真附4-4参照）。50/1000以上の急こう配の登坂ができるが、下りこう配で、電気ブレーキが効かなくなったときに機械ブレーキだけで停止しなければならないので、粘着ブレーキ性能から最急こう配が決まる。レール吸着ブレーキであれば最急こう配を大きくすることができるが、電源のフェールなどのリスクを考慮すれば、こう配条件は粘着駆動のものとさほど変わらないといえる。

電磁石と導体の間のギャップ（隙間）を一定に保つため、車輪の摩耗に合わせて、ギャップ調整を行う必要がある。そのため、リニアモーター車両は車内の台車の上に点検蓋を設けている。回転式の誘導モーター駆動車両ではモーターの点検が不要となり、点検蓋をなくしていることに逆行し、奇異な感じがする。

リニアモーターのギャップは、回転式モーターの0.8～1mmよりも大きくなる。さらに、端末部分の磁力線の損失もあるので、モーターとしての効率は劣り、電力消費量が大きくなる。床面高さを低くし、トンネル断面を小さくできるので、急こう配と合わせて建設費を安くできるというのがリニアモーターの売りだったが、車輪径550mm以下のLRTが開発されている現状を考えると、謳い文句がどこまで正確であったのか疑問が残る。

鉄レールと鉄車輪のシステムでも箱根登山鉄道（80‰）、イタリア－スイスの百の谷鉄道（60‰）や神戸電鉄（50‰）のように急こう配鉄道の実績があるので、リニアモーターでなければならないという必然性はあまり感じられない。また、降坂時のリスクを考慮すれば、100‰以上のこう配ではラックレールとする必要がある。

3 ラックレール

ラックレール（歯軌条）は、山岳鉄道で急こう配を克服するために発明された。走行レールと別に設けた歯軌条と歯車の組み合わせによる駆動システムであり、もちろん歯軌条は鋼鉄製である。

シュトループ式は車両側の1枚の歯車が歯軌条にかみ合って、推進力とブレーキ力を伝える（写真附4-5参照）。ロッシェル・ド・ナイエ鉄道の例を写真附4-6に示す。アプト式（またはアブト式）は複数の歯車がそれぞれに対応する歯軌条にかみ合い、常にいずれかの歯車が歯軌条に力を伝えている（写真附4-7参照）。日本には、アプト式が導入され、碓氷峠（66.7‰、1964年に粘着式に

写真附4-4 2本のレール中央にリニアモーター二次導体を設けたリニア地下鉄
（横浜市グリーンライン、センター北、2018.11.11）

変更）および大井川鐵道の一部区間（90‰）に採用されている。いずれも120度の位相差を持つ3枚の歯車が3組の歯軌条にかみ合う。碓氷峠のものは、横川機関区跡地に設けられた碓氷鉄道文化村のED42形と軽井沢駅展示の10000形（EC40形）がある。リンゲンバッハ式は、シュトループ式の変形で、車両側の歯車は1枚で、歯軌条は2枚の鋼板の間にピンを取り付けている（写真附4-8参照）。ロヒャー式は、2組の歯車が両側から歯軌条にかみ合っている（写真附4-9参照）。ピラトス鉄道はロヒャー式で世界一の400‰の急こう配で建設されている。

都市鉄道での実用例は、リヨン地下鉄のC号線であり、170‰の急こう配区間2.5kmをシュトループ式としている。

写真附4-5　シュトループ式歯軌条
（ルツェルン交通博物館、1994.09.09）

写真附4-6　ロッシェル・ド・ナイエ鉄道（ロッシェル・ド・ナイエ、2009.07.12）

写真附4-7　アプト式歯軌条、IMG-0011，9473-31
（ルツェルン交通博物館、1994.09.09）

写真附4-8　リンゲンバッハ式歯軌条
（ルツェルン交通博物館、1994.09.09）

写真附4-9　ロヒャー式歯軌条
（ルツェルン交通博物館、1994.09.09）

資料5 輸送システム別の保存費、運転費および電力（平成27年度鉄

	営業km	旅客 千人キロ／年	車両キロ 千km	車両数	保存費		
					線路保存費 千円	電路保存費 千円	車両保存費 千円
地下鉄							
S 札幌市（地下鉄）	48	266,854	33,420	376	2,436,396	1,879,260	2,001,920
S 仙台市	14.8	302,729	6,918	84	884,841	1,205,074	557,527
S 東京地下鉄	195.1	20,048,974	288,511	2,702	13,710,140	12,876,200	19,097,665
S 東京都（地下鉄）	109	6,367,705	118,406	1,134	10,744,874	7,477,705	8,785,703
S 横浜市	53.4	1,731,511	33,511	290	1,881,866	1,370,742	1,578,933
S 名古屋市	93.3	2,872,539	69,013	788	5,527,509	2,505,754	4,398,589
S 京都市	31.2	685,016	20,777	222	1,552,028	1,562,630	1,352,487
S 大阪市（地下鉄）	129.9	5,102,322	113,602	1,292	7,409,979	6,962,757	8,131,780
S 神戸市	30.6	933,526	19,445	416	768,776	1,235,520	1,164,859
S 福岡市	29.8	789,415	18,659	212	1,853,130	1,771,263	1,355,194
地下鉄合計（除く札幌）	687.1	38,833,737	688,842	7,140	44,333,143	36,967,645	46,422,737
都 東武鉄道	463.3	12,440,153	261,851	1,914	6,373,239	6,219,609	11,299,909
都 西武鉄道	176.6	8,589,342	165,996	1,274	2,777,285	3,211,331	4,573,924
都 京成電鉄	152.3	3,746,165	96,388	598	1,429,010	1,803,460	2,958,842
都 京王電鉄	84.7	7,416,670	124,215	843	2,642,320	3,395,264	4,885,019
都 小田急電鉄	120.5	11,336,992	167,268	1,054	2,749,993	3,692,049	5,666,394
都 東京急行電鉄（鉄道）	99.9	10,653,756	142,261	1,194	2,832,577	4,061,214	6,790,327
都 京浜急行電鉄	87	6,258,979	114,091	790	4,009,764	3,009,664	4,381,934
都 相模鉄道	35.9	2,507,503	46,973	398	821,816	1,012,106	1,395,912
都 首都圏新都市鉄道	58.3	2,444,032	43,989	222	1,902,952	1,515,283	1,298,502
都 名古屋鉄道（鉄道）	444.2	6,754,659	189,907	1,060	4,631,724	2,532,492	5,505,973
都 近畿日本鉄道（鉄道）	504.8	10,766,724	288,159	1,889	8,404,770	6,667,893	10,790,068
都 南海電気鉄道（鉄道）	154	3,729,682	94,273	702	3,376,854	1,936,691	3,035,352
都 京阪電気鉄道（鉄道）	69.1	3,975,576	84,419	703	3,274,692	1,810,268	2,957,724
都 阪急電鉄	140.8	8,814,369	165,412	1,307	5,638,184	3,174,396	7,412,505
都 阪神電気鉄道	43.9	2,038,703	41,410	358	1,921,891	1,100,747	1,648,214
都 西日本鉄道	106.1	1,530,866	39,740	334	1,396,656	924,578	1,315,057
普通鉄道合計	2741.4	103,004,171	2,066,352	14,640	54,183,727	46,067,045	75,915,656

資料 5　輸送システム別の保存費、運転費および電力（平成 27 年度鉄道統計年報）

	運転用電力		千人キロ当たり単価					
運転費（人件費）千円	運転用電力 kWh	電力代価 千円	線路保存費 円	電路保存費 円	車両保存費 円	運転費（人件費）円	運転用電力 Wh	電力代価 円
2,883,283	130,698,548	2,319,196	9,130	7,042	7,502	10,805	490	8,691
632,063	13,582,845	240,072	2,923	3,981	1,842	2,088	45	793
26,813,604	570,774,000	11,190,284	684	642	953	1,337	28	558
10,146,200	242,232,608	4,756,820	1,687	1,174	1,380	1,593	38	747
2,452,645	73,515,836	1,584,746	1,087	792	912	1,416	42	915
6,880,817	209,404,394	3,737,908	1,924	872	1,531	2,395	73	1,301
1,714,565	37,331,830	672,123	2,266	2,281	1,974	2,503	54	981
11,550,907	258,315,392	4,463,108	1,452	1,365	1,594	2,264	51	875
2,308,454	40,377,318	764,762	824	1,323	1,248	2,473	43	819
1,490,459	41,753,530	658,134	2,347	2,244	1,717	1,888	53	834
63,989,714	1,487,287,753	28,067,957	1,142	952	1,195	1,648	38	723
19,536,978	483,642,119	9,602,748	512	500	908	1,570	39	772
9,034,007	389,067,327	7,474,758	323	374	533	1,052	45	870
6,629,262	185,337,582	3,616,234	381	481	790	1,770	49	965
6,093,414	223,593,694	4,360,126	356	458	659	822	30	588
10,605,261	342,669,533	6,652,352	243	326	500	935	30	587
9,245,822	290,546,138	5,613,303	266	381	637	868	27	527
7,257,439	245,733,149	4,763,447	641	481	700	1,160	39	761
2,739,109	86,616,570	1,816,130	328	404	557	1,092	35	724
992,243	91,796,059	1,777,784	779	620	531	406	38	727
9,860,768	400,709,064	6,734,956	686	375	815	1,460	59	997
19,645,599	752,135,623	12,027,808	781	619	1,002	1,825	70	1,117
5,985,430	201,784,176	3,316,753	905	519	814	1,605	54	889
5,027,886	230,691,293	3,680,411	824	455	744	1,265	58	926
8,626,845	410,949,934	6,740,900	640	360	841	979	47	765
3,049,543	93,007,680	1,491,979	943	540	808	1,496	46	732
1,496,810	79,182,310	1,245,442	912	604	859	978	52	814
125,826,416	4,507,462,251	80,915,131	526	447	737	1,222	44	786

資料5 輸送システム別の保存費、運転費および電力（平成27年度鉄道統計年報）

都 東京モノレール	17.8	521,222	20,038	126	968,112	602,897	1,132,304
都 多摩都市モノレール	16	247,142	5,452	64	108,808	616,446	984,357
都 大阪高速鉄道	28	254,189	9,428	84	431,764	611,844	520,289
都 北九州高速鉄道	8.8	52,865	2,667	40	21,261	189,607	233,735
地 沖縄都市モノレール	12.9	67,277	2,098	26	304,993	169,207	359,522
跨座式モノレール合計	83.5	1,142,695	39,683	340	1,834,938	2,190,001	3,230,207
地 湘南モノレール	6.6	34,866	1,877	21	124,648	86,302	109,480
都 千葉都市モノレール	15.2	67,696	2,375	36	141,631	257,393	251,696
懸垂式モノレール合計	21.8	102,562	4,252	57	266,279	343,695	361,176
都 埼玉新都市交通	12.7	109,259	6,154	84	215,678	226,752	218,449
地 広島高速交通	18.4	143,618	9,466	144	196,629	334,563	386,711
有人運転AGT合計	31.1	252,877	15,620	228	412,307	561,315	605,160
都 横浜シーサイドライン	10.6	80,209	6,463	80	22,159	256,398	184,100
都 ゆりかもめ	14.7	242,386	14,490	168	490,863	605,179	772,432
都 神戸新交通	15.3	140,047	10,478	146	665,364	383,012	546,727
DOT AGT 合計	40.6	462,642	31,431	394	1,178,386	1,244,589	1,503,259
愛知高速交通	8.9	36,931	2,209	24	52,239	156,536	117,106
路 札幌市（軌道）	8.5	8,137	1,056	33	90,747	72,540	225,603
路 函館市	10.9	15,439	1,000	32	155,956	63,624	189,069
路 富山ライトレール	15.2	9,129	370	7	42,610	31,241	57,261
路 東京都（軌道）	12.2	42,942	1,484	116	411,293	242,015	335,738
路 東京急行電鉄（軌道）	5	47,148	1,309	20	61,170	81,599	130,299
路 京阪電気鉄道（軌道）	21.6	72,788	4,253	62	348,264	178,526	382,049
路 岡山電気軌道	4.7	6,704	526	23	27,528	6,255	54,110
路 広島電鉄（軌道）	19	104,001	6,742	149	170,790	131,756	404,989
路 とさでん交通	25.3	27,358	2,098	65	22,206	17,282	53,430
路 長崎電気軌道	11.5	55,285	2,498	74	213,598	63,069	202,440
路 熊本市	12.1	36,396	1,730	54	115,243	97,560	204,088
路 鹿児島市	13.1	38,516	1,715	55	49,061	55,046	201,252
路面電車合計	159.1	463,843	24,781	690	1,708,466	1,040,513	2,440,328

車両キロは（自社＋他社）車両自社線走行キロ

資料 5 輸送システム別の保存費、運転費および電力（平成 27 年度鉄道統計年報）　*225*

795,096	42,516,028	933,036	1,857	1,157	2,172	1,525	82	1,790
453,296	12,295,686	256,488	440	2,494	3,983	1,834	50	1,038
684,169	16,405,260	303,169	1,699	2,407	2,047	2,692	65	1,193
96,085	7,472,500	117,542	402	3,587	4,421	1,818	141	2,223
262,047	4,403,314	82,609	4,533	2,515	5,344	3,895	65	1,228
2,290,693	83,092,788	1,692,844	1,606	1,917	2,827	2,005	73	1,481
358,651	4,953,210	100,132	3,575	2,475	3,140	10,287	142	2,872
365,766	7,588,151	151,923	2,092	3,802	3,718	5,403	112	2,244
724,417	12,541,361	252,055	2,596	3,351	3,522	7,063	122	2,458
242,353	5,103,059	98,849	1,974	2,075	1,999	2,218	47	905
376,481	17,631,340	269,357	1,369	2,330	2,693	2,621	123	1,876
618,834	22,734,399	368,206	1,630	2,220	2,393	2,447	90	1,456
79,732	5,819,360	112,965	276	3,197	2,295	994	73	1,408
87,772	21,950,808	458,990	2,025	2,497	3,187	362	91	1,894
129,461	16,758,329	308,301	4,751	2,735	3,904	924	120	2,201
296,965	44,528,497	880,256	2,547	2,690	3,249	642	96	1,903
38,714	13,355,579	249,022	1,415	4,239	3,171	1,048	362	6,743
560,679	2,068,648	50,770	11,152	8,915	27,726	68,905	254	6,239
214,247	2,734,586	57,915	10,101	4,121	12,246	13,877	177	3,751
93,742	1,064,454	16,775	4,668	3,422	6,272	10,269	117	1,838
943,368	9,689,217	190,375	9,578	5,636	7,818	21,968	226	4,433
505,004	1,939,301	37,458	1,297	1,731	2,764	10,711	41	794
515,011	12,808,699	209,511	4,785	2,453	5,249	7,075	176	2,878
134,048	1,158,456	22,534	4,106	933	8,071	19,995	173	3,361
1,745,023	12,650,956	230,382	1,642	1,267	3,894	16,779	122	2,215
185,576	4,212,291	83,800	812	632	1,953	6,783	154	3,063
603,150	6,590,448	115,179	3,864	1,141	3,662	10,910	119	2,083
845,603	4,077,363	77,902	3,166	2,681	5,607	23,233	112	2,140
616,723	4,028,418	79,854	1,274	1,429	5,225	16,012	105	2,073
6,962,174	63,022,837	1,172,455	3,683	2,243	5,261	15,010	136	2,528

参 考 文 献

1) 交通ブックス「海外鉄道プロジェクト」、佐藤芳彦、成山堂書店、2015 年
2) 世界の通勤電車ガイド、佐藤芳彦、成山堂書店、2001 年
3) 交通ブックス「路面電車 運賃収受が鍵となる」、柚原誠、成山堂書店、2017 年
4) 図解・TGV vs. 新幹線：日仏高速鉄道を徹底比較 (ブルーバックス)、佐藤芳彦、講談社、2008 年
5) 国鉄電車発達史、新出茂雄・弓削進、電気車研究会、1959 年
6) リニアモーターカーへの挑戦、長池透、今日の話題社、2018 年
7) SUPER サイエンス 超電導リニアの謎を解く、村上雅人/小林忍、C&R 研究所、2016 年
8) リニア新幹線が不可能な 7 つの理由（岩波ブックレット）、樫田秀樹、岩波書店、2017 年
9) 失敗の本質 - 日本軍の組織論的研究、戸部良一他、中公文庫、1991 年
10) 日本国有鉄道構造規程および解説（案）昭和 34 年 10 月 1 日改訂版、日本国有鉄道建設規程調査委員会
11) 交通ブックス「IC カードと自動改札」、椎橋章夫、成山堂書店、2015 年
12) 実践鉄道 RAMS- 鉄道ビジネスの新しい評価法、溝口正仁・佐藤芳彦監修、2006 年
13) 交通ブックス「路面電車 - 運賃収受が成功の鍵となる !?」、柚原誠、成山堂書店、2017 年
14) 交通ブックス「ミニ新幹線誕生物語」、ミニ新幹線執筆グループ、成山堂書店、2003 年
15) 世界の高速鉄道、佐藤芳彦、グランプリ出版、1996 年
16) モノレールと新交通システム、佐藤信之、グランプリ出版、2004 年
17) 平成 27 年度鉄道統計年報、国土交通省
18) Autorails de France Tome I, Yves Broncard/Yves Machefert Tassin/Alain Rambaud , La Vie du Rail, 1992 年
19) The National Railway Collection, National Railway Museum, William Collins Sons & Co. Ltd., 1988 年
20) 一般社団法人日本地下鉄協会、平成 28 年度地下鉄事業の概況
21) 鉄道建設・運輸施設整備機構「北陸新幹線（長野・金沢間）事業に関する対応方針」、平成 24 年 3 月
22) 大阪高速鉄道大阪モノレールについて、佐藤信之、鉄道ジャーナル、2009 年 5 月
23) 21 世紀の都市交通システムを担うリニア地下鉄、磯部栄介他、日立評論、1999 年 3 月
24) 都市交通における安全性に関する標準化の動向、水間毅、建設の施工企画、2008 年 12 月号
25) あの新幹線メーカーが米国市場で陥った窮地、大阪直樹、東洋経済オンライン、2017 年 3 月 6 日
26) IEC 62278 (RAMS) の改定始まる、松本雅行、JREA、2019 年 2 月
27) RQMS とは、外山潔、鉄道車両工業、2019 年 1 月

あとがき

　筆者の個人的経験であるが、海外に赴任し、アパートを借りようと大家との交渉に臨んだ時、あなたの仕事は、勤め先は信用できるか等の質問があり、日本の某大企業の社員で身分は保証されているといっても、なかなか信用してもらえず、会社の英文年次報告書、組織図、給与明細、口座証明等の書類を提示して、やっと契約に漕ぎ着けることができた。日本では誰でも知っている大企業でも、海外では無名の存在であることを思い知らされた。赴任先の業界内でも私個人の専門分野と能力を認知してもらうのは並大抵ではなかった。それぞれの社会的、技術的バックグラウンドが異なる場合に、その差異を把握し、双方が良好なコミュニケーションを図る努力が如何に大切かを身に染みて感じた。この経験から、コミュニケーションの問題にも紙面を割いた。

　これまで係わったいくつかのプロジェクトの経験に基づいて、システムインテグレーターの果たす役割と養成の課題について述べた。プロジェクトマネジャーおよびシステムインテグレーターの役割は、プロジェクトあるいはシステム全体を見渡して、どのようなリスクが想定されるか、発生した場合の対策を常に考え、想定外の事態が発生しても対処法を素早く施主あるいは請負者に提案し、被害（工期延伸、コスト増）の拡大を防ぐことである。そのため、技術の引き出しをなるべく多く持つ必要がある。しかし、このように他の分野への越境を繰り返すことは、日本国内では歓迎されない。「車両屋がなんで信号に口を出すのか」。建前ではあからさまな反感は示されないが、本音では拒否反応にあい、中傷に晒されることもある。したがって、海外プロジェクトの実行組織は、国内のしがらみを断ち切ったものとし、少人数のコンパクトなものとすることが望ましい。分野毎の専門家の数が多くなれば、グループを構成し、他グループへの対抗意識を持つようになる。一人一人の能力が低いから、大勢を投入するという考えは誤りである。少数であれば、一人当たりの担当分野が広がり、他人に依存できなくなるので、自ずと能力は磨かれる。大勢を投入すれば、それぞれの分野毎に城を築き、内部でもたれあい、外部への対応意識が醸成され、プロジェクト全体のパフォーマンスが下がり、結果としてコスト増となる。

　鉄道技術を取り巻く環境はデジタル化の推進に伴い大きく変わりつつある。

信号や車両に限らず多くのシステムの制御の根幹に係わる部分がコンピューターソフトウェアに置き換わり、安全認証の方法も事後安全計画から事前安全計画へと転換している。メカニカルな機構、リレーロジックあるいはアナログ回路であれば、これまでの経験が活かされ、故障あるいは事故対策も目に見える形で検証された。しかし、IT 技術の進歩に伴い、信号や車両等の技術がデジタル化され、その安全認証のため新たな方法が必要となっている。機械安全の規格等の採用である。自動車は無人運転で一歩先を行っている。列車運行管理も指令員の神業ではなくコンピュータが支援するシステムが進んでいる。いずれは AI（人工知能）が多くの部分を担うことになるであろう。

　このように急速に進むデジタル技術、AI 導入によるシステムの設計段階から安全性を検証するために、RAMS、ソフトウェア構成管理、ソフトウェア検証規格などのツールが整備されてきた。デジタル技術の根幹であるソフトウェアは外からは見えない。故障あるいは事故が起きて初めて、ソフトウェアの欠陥が原因として同定される。ソフトウェア企画段階の条件設定、作成者の能力がシステムの信頼性や効率を左右するので、事前にシステムの設計条件、故障率の分配、故障の際のフェールセーフ性、リスク分析、ソフトウェア作成者の資格認証、ソフトウェアの検証試験計画等一連の文書（セーフティケース）を作成し、それを第三者が審査・認証することで安全を担保する事前安全計画の手法が採用されるようになった。　また、EU と経済連携協定（EPA）締結もあり、市場開放要求は強まってくると想定される。これは、単なる数量拡大だけではなく、調達方法そのものを見直す要求となるであろう。余り考えたくはないが一つの可能性として、付加価値の少ない製品の国内メーカーが撤退し、海外から調達せざるを得なくなることも考えられる。最終的には、本書で述べた国際ルールに沿った仕様書を作成して調達するようになるであろう。

　このような文書作成は、ヨーロッパを初め海外では一般化しているが、国内プロジェクトでは馴染みのない手法であり、国内の鉄道事業者もメーカーも敬遠しており、それができる技術者は少ない。むしろペーパーワークとして軽く扱う傾向がなきにしもあらずで、最近のデータ偽装、設計・製造に係わるミスにも関連していると思われる。文書により自身の業務を正確に記録すれば、結果として潔白を証明することを理解してほしい。

　海外プロジェクトの増加に専門家の養成が追いついていかない。筆者もいくつかのプロジェクトで後輩の指導に当たっているが、それだけでは不十分であ

ると考え、これまでのノウハウをまとめ、多くの方々と問題意識を共有して、それぞれの立場で専門家の育成に努めて頂けるよう、本書を執筆した。本書が上記課題の共有と解決に向けて動きだす契機となることを願っている。

　最後に、本書草稿について貴重な意見を頂いた藤井克己氏にお礼を申し上げたい。

2019 年 6 月

　　　　　　　　　　　　　　　　　　　　　　　　　　　　　佐藤　芳彦

索　　引

【欧文】（和欧混合を含む）

Access Date ……………………… *175*
ADB ……………………………… *200*
Addendum ……………………… *34*
AF ………………………………… *136*
AF軌道回路 …………………… *138*
AGT ……………………… *91, 94, 100, 105*
AIIB ……………………………… *200*
ALARP …………………………… *206*
Anti-Vibration Rubber Track …… *114*
AREMA規格 …………………… *117*
As Low As Reasonably Practicable
　………………………………… *206*
ATC ……………………………… *17*
ATO ……………………………… *78*
ATP ……………………… *78, 137, 138*
ATS ……………………… *136, 139*
ATSシステム ………………… *137*
Audio Frequency ……………… *136*
AUGT …………………………… *160*
Automated Urban Guided Transport
　………………………………… *160*
Automatic Train Control ……… *137*
Automatic Train Protection …… *138*
Automatic Train Stop ………… *136*
Automatic Train Supervision
　……………………………… *137, 139*
AVT ……………………………… *115*
BAS ……………………………… *151*
BRT ……………………………… *91, 95*
Building Automation System …… *151*
Bus Rapid Transit ……………… *91*
CAモルタル …………………… *113*
CBTC …………………………… *137*
CCTV …………………………… *85*
CCTVシステム ……………… *141*
Cement Asphalt ………………… *113*

CENELEC ……………………… *193*
CER ……………………………… *194*
Closed Circuit Television ……… *85*
Comité Européen de Normalisation
　Electrotechnique …………… *193*
Commissioning ………………… *202*
Communication Base Train Control
　………………………………… *137*
Curriculum Vitae ……………… *48*
CV ………………………………… *48*
Data Transmission System …… *141*
DB ………………………………… *31, 164*
DB契約 ………………………… *162*
Definitive Design ……………… *179*
Design and Built ……………… *31*
Disaster Prevention Plan ……… *82*
Double Stack Container ……… *20*
DSC ……………………………… *20, 21*
DTO ……………………… *79, 101, 105*
DTS ……………………………… *141*
E&M ……………………… *60, 87, 169*
Edge Rail ………………………… *209*
EMC ……………………………… *28*
EMC管理計画 ………………… *178*
Employer's Requirements ……… *33*
EN ………………………………… *193, 199*
Engineering Procurement and
　Construction ………………… *31*
ENレール ……………………… *117*
EOT ……………………………… *176*
EPC契約 ………………… *31, 162, 164*
ES ………………………………… *29*
European Railway Agency …… *194*
EU指令 ………………………… *193, 194*
Extension of Time for Completion
　………………………………… *176*
Facility SCADA ………… *139, 151*
Failure Modes Effects and Criticality

Analysis ……………………… 202	IP 等級 …………………………… 151
Feeder Messenger Catenary System ………………………………… 131	IRIS………………………… 196, 204
	ISO ………………………… 117, 197
FFU …………………………… 113	ISO 9001 ……………………… 47
Fibre reinforced Formed Urethane ………………………………… 113	JICA …………………………… 29
	JICA 標準 ……………………… 205
FIDIC ……………………… 162, 205	JIS ………………………… 195, 197
FIDIC イエローブック …………… 37	JIS レール ……………………… 124
FIDIC シルバーブック …………… 37	Job Description ……………… 44
FMECA ……………………… 202	Joint Venture ………………… 34
FMS …………………………… 131	JRIS …………………………… 192
Free Trade Agreement ……… 28	JRS ………………… 191, 192, 197
FS ………………………… 29, 86	JV ……………………………… 34
FS 調査 ………………………… 29	Key Date ……………………… 175
FS 報告書 ……………………… 31	Kinematic Envelop …………… 65
FTA …………………………… 28	LA ……………………………… 29
Gauge Changeable Train ……… 212	Light Rail Transit ………… 2, 8
GC ………………………… 29, 47	Light Rail Vehicle …………… 8
GCC ………………………… 54, 162	Loan Agreement ……………… 29
GCT …………………………… 212	Low Vibration Track ……… 113
General Condition of Contract ………………………………… 54, 162	LRT …………………… 2, 8, 94
	LRV …………………………… 8
General Consultant …………… 29	LTE-R ………………………… 143
General Specification ………… 168	LVT 軌道 ……………………… 113
Global System for Mobile communications-Railway ……… 17	MAAS ………………………… 10
	M-Bahn ……………………… 24
GLT …………………………… 218	MM（人・月）………………… 47
GS ……………………………… 168	Mobility as a Service ………… 10
GSM-R ………………… 17, 142	M バーン ……………………… 24
Guided Light Transit ………… 218	National Fire Protection Association ………………………………… 81
Head Harden ………………… 210	
HH レール …………………… 210	NFPA ………………………… 81
HMI …………………………… 139	NGO …………………………… 193
Human Machine Interface ……… 139	Non-Governmental Organisation … 193
IC125 ………………………… 14	NONO …………………… 37, 169
ICE …………………………… 15	Norm Européan ……………… 193
IC カード ……………………… 145	OCC ……………………… 82, 139
IEC …………………………… 195	ODA ………………… 2, 27, 29, 86
IEEE …………………………… 199	Official Development Assistance … 27
Initial Design ………………… 179	Operating System …………… 86
IP コード ……………………… 151	Operation Control Centre …… 82, 139

索　引　　233

Optical Transmission Network …… *141*	Supervisory Control and Data
OS ……………………………………… *86*	Acquisition System ……………… *129*
OTN ………………………………… *141*	Synchronous Digital Hierarchy …… *141*
P/Q …………………………………… *32*	TBT 協定 …………………………… *194*
Particular Condition of Contract	Technical Specification …………… *184*
…………………………………… *55, 162*	Technical Specification for Inter-
Particular Specification …………… *168*	operability ………………………… *159*
PCC ……………………………… *55, 162*	TETRA ……………………………… *142*
PC 桁 ………………………………… *116*	TGV ……………………………… *14, 24*
Plinth ………………………………… *114*	The Community of European Railway
PM ……………………………… *33, 45, 54*	and Infrastructure Companies … *194*
Power SCADA ……………………… *139*	The Employer's Drawings ………… *184*
Pre-Qualification …………………… *32*	The Employer's Representative … *34*
Prestressed Concrete ……………… *116*	TOT …………………………………… *38*
Price Schedule ……………………… *37*	Train á Grande Vitesse …………… *24*
Project Owner ……………………… *33*	Tramway ……………………………… *8*
Proven ……………………………… *179*	Transfer Of Technology …………… *38*
PS …………………………………… *168*	Translohr …………………………… *218*
PSD ……………………………… *69, 148*	Transport sur Vois Réservée …… *218*
Q&A …………………………… *32, 169*	TS …………………………………… *184*
RAMS ……………………… *28, 139, 204*	TSI …………………………………… *159*
RAMS 管理計画 …………………… *178*	TVR ………………………………… *218*
RAMS 計画 …………………… *140, 199*	U Shape Girder …………………… *116*
RER …………………………………… *75*	UGTMS ……………………………… *160*
RQMS ……………………………… *203*	UIC 規格 …………………………… *117*
Safety Integrated Level …………… *139*	UNIFE ………………………… *196, 204*
Scope of Works …………………… *164*	Union de Industrie Ferrovierre
SDH ………………………………… *141*	Européanne ……………………… *195*
SI …………………………… *33, 45, 55, 88*	UPS ……………………………… *84, 131*
SIL …………………………… *139, 178*	Urban Guided Transport Management
SIL 認証 …………………………… *140*	and control command System … *160*
SOW ………………………………… *164*	UTO …………………………………… *79*
Special Terms for Economic	U 形桁 ……………………………… *116*
Partnership ………………………… *66*	U バーン ……………………………… *24*
Standard urban Railway System for	VAL ………………………………… *215*
Asia ………………………………… *66*	Value Engineering ………………… *37*
STEP …………………………… *66, 198*	Variable Voltage Variable Frequency
STRASYA ……………………… *66, 198*	……………………………………… *125*
Stray Current Collection Mat	VE …………………………………… *37*
……………………………… *115, 135*	VLD ………………………………… *150*
Sub-Contractor ……………………… *36*	Voltage Limit Device ……………… *150*

VVVFインバーター ………………… 125
World Trade Organisation………… 28
WTO協定 ……………………………… 28

【和文】

【ア行】

アエロトラン ………………………… 24
アクセスデイト ……………………… 175
アジアインフラ投資銀行 …………… 200
アジア開発銀行 ……………………… 200
圧力容器 ……………………………… 127
後引上げ ……………………………… 63
アプト式 ……………………………… 220
アベイラビリティモニター（監視）システム ……………………………… 40
アルヴェーグ式 ……………………… 216
アルミニウム車体 …………………… 121
安全衛生環境(HSE)グループ …… 45
安全事案 ……………………………… 193
安全証明 ……………………………… 202
安全認証 …………………… 28, 140, 202
案内放送システム …………………… 142
イエローブック ……………………… 162
異軌間 ………………………………… 211
異議なし通告 ………………………… 169
一次サスペンション ………………… 124
一段階二封筒入札 …………………… 32
一般契約条件 ………………………… 162
一般仕様 ……………………………… 168
入換動車 ……………………………… 157
インターフェース ………… 33, 88, 159
インターフェース協議 ……………… 159
インターフェース担当 ……………… 45
インターフェース文書 ……………… 169
インターロック ……………………… 138
インターロックシステム …………… 17
インピーダンスボンド ……………… 136
インフラ保有会社 …………… 22, 118
ウィーン協定 ………………………… 195
売上管理システム …………………… 144

運営保守 ……………………………… 29
運行管理 ……………………………… 139
運転計画 ……………………………… 82
運転時隔 ……………………………… 80
永久磁石同期電動機 ………………… 125
エスクロウ …………………………… 171
エッジレール ………………………… 209
エンジニアー ……………… 34, 37, 169
エンジニアリングサービス ………… 29
円借款 ………………………………… 16
押上力 ………………………………… 132

【カ行】

開業検査 ……………………………… 203
解釈基準 …………………… 68, 192, 201
回生電力 ……………………………… 130
改訂版管理 …………………………… 169
ガイドレール ………………………… 215
概略事業費 …………………………… 31
価格表 ………………………………… 37
加減速度 ……………………………… 120
火災対策 ……………………………… 122
架線集電 ……………………………… 77
加速度 ………………………………… 120
可動架線 ……………………………… 154
換気装置 ……………………………… 122
換気量 ………………………………… 122
完成検査 ……………………………… 202
感電対策 ……………………………… 132
感電防止 ……………………………… 150
カント ………………………………… 62
緩和曲線 ……………………………… 62
キーデイト …………………… 174, 175
機械ブレーキ ………………………… 127
機械連動 ……………………………… 138
規格適合証明 ………………………… 151
規格認証 ……………………………… 198
軌間 …………………………………… 210
期間延伸 ……………………………… 176
軌間可変 ……………………………… 212
軌間可変車両 ………………………… 212

索　引

企業連合	34
技術移転	38
技術移転契約	189
技術基準	192, 200
技術規制	191, 193
技術仕様書	184
技術提案	33
技術提案書	34
技術法務	55
き電変電所	129, 130
起電力	126
軌道回路	135
気動車	76
軌道不整	112
軌道保存費	87
基本設計	29
基本設計書	31
教育訓練	187, 188
狭軌	210
供給範囲	164
教訓	89, 206
競争原理	110
共通運賃	8, 10
業務明細書	44, 47, 50, 56
曲面ガラス	121
キロ建設単価	96
キロメートル単価	87
空気圧縮機	127
空気ブレーキ	126
空調	122
櫛形	72
クリーンドキュメント	52
クレーム	179
クロスボンド	132
形態管理	39
継電器連動	138
契約一般事項	54
契約管理グループ	45
契約交渉	33
契約パッケージ	163
契約約款	177
ゲージ	210
ケーブルカー	91, 219
ケーブルルート	130
決定設計	179
検査種別	153
検査線	153
懸垂式	93, 99
懸垂式モノレール	216
減速度	120
現地語	188
限定合理性	206
券売機	147
合意文書	29
広軌	210
交差支障	73
工事費	60
公称電圧	128
洪水レベル	82
構成管理	39
合成まくらぎ	113
高速列車	24
剛体架線	120, 131
高調波	130
工程表	171
高密度運転	14
ゴールドブック	162
刻印機（ヴァリデーター）	148
国際規格	51, 117
国際競争入札	27
国際契約約款	162
国際調達	194
国際鉄道工業標準	196
国際鉄道連合	117
国際電気技術委員会	195
国際標準化機構	195
国産化	191
跨座式	93, 99
跨座式モノレール	216
固定編成	75
個別仕様	168
ゴムタイヤ式	102

ゴムタイヤ式地下鉄	214
ゴムタイヤ式鉄道	210
ゴムタイヤ車両	213
コンクリート直結軌道	113
コンフィギュレーション管理	39

【サ行】

サービス電源	129
サービス変圧器	130
最高速度	120
在姿車輪旋盤	156
最小運転時隔	138
最大乗車人員	6, 67
作業の平準化	155
作業フロー	154
座席予約システム MARS	144
サフェージュ式	216
サブコン	36
サプライチェーン	39
参考図	184
三線式軌道	211
試運転線	156
資格要件	47
磁気カード	146
磁気吸引浮上式	24
磁気コード	145
歯軌条	220
磁気反発浮上式	25
磁気浮上式交通システム	91, 94, 100
事業費	60
軸重	19
事後安全計画	202
事後保全方式	153
地震検知システム	81
システムインテグレーション	55, 58
システムインテグレーター	27, 28, 33, 88
システム規格	196
システム設計	199
施設保有会社	193
事前安全計画	202

事前資格審査	32
下請	36
質疑応答	32
実施基準	192, 200
実施主体	60
実証済	179
自動案内軌条式旅客輸送システム	91
自動運転	78, 79
自動改札	143
自動券売機	144
自動列車制御システム	17, 135
自動列車保護	78
島式	65, 73
車載機器	165
車軸カウンター	136
車体構造	120
車体洗浄線	157
車体洗浄装置	157
車端圧縮	121
車両保存費	87, 101
車両メーカー	26
車輪の削正設備	156
縦断線形	62
集電マット	135
集電レール	215
周波数変動	129
自由貿易協定	28
受電系統	131
受電電力	129
受電変電所	129
シュトループ式	220
守秘義務	206
消音バラスト	109, 115
上下分離	21, 22, 193
乗降分離	74
乗車券	144
乗車率	5
小断面地下鉄	219
冗長系	86, 129
冗長系設計	11
冗長性	129

承認	37	設計関連図書	37
情報管理システム	128	設計基準	118
商務提案	33	設計審査	199
初期工程計画表（プログラム）	37	接触電位	132, 150
初期設計	179	設備管制システム	139
職務経歴書	48	ゼネラルコンサルタント	29, 47
シルバーブック	162	セルフサービス乗車	95
新交通システム	91	セルフ乗車	148
信号メーカー	28	繊維補強発泡ウレタン	113
審査	169	前方避難	83
迅速手続	195	線路配線	63
垂直移動設備	65, 73	線路保存費	101
スカイレール	219	相互依存形組織	47
スクリュー式	127	相互独立形組織	47
スクロール式	127	相対式	65, 72
スタンド・アローン	86	操舵機構	208
ステンレス車体	121	操舵台車	107
スペックエンジニアー	55	側方避難	83
すべり	125	ソフトウェア	201

【タ行】

スラブ軌道	112, 113	ターンキー	162
製造資格	197	ターンキー契約	31
製造方案	118, 197	ターンバックル式	147
性能	120	待機予備	129
性能規定	192, 200	第三軌条	77, 133
性能仕様書	193	第三者認証	140, 151, 178
性能標準化	202	台車	123
性能保証電圧	128	第二縮小限界	67
製品規格	196	タイプA	146
政府開発援助	2, 27	タイプC	146
セーフティケース	140, 193	タイプB	146
世界銀行	200	代理人	34
世界貿易機関	28	多扉車	5, 119
積空比	20	弾性まくらぎ直結軌道	114
積算根拠	87	単相変圧器	129
施工監理グループ	45	地方交通線	21
施主	31	チューブ	219
施主代理人	37, 169	吊架線	131
施主要求事項	33, 177	超伝導磁石	26
設計・施工監理	29, 34	超伝導リニア	26
設計および建設	31		
設計確認	192, 200		

直通運転技術仕様書	159
直流電動機駆動	125
直行輸送	20
直行列車体系	19
追加支払い要求	179
通勤電車設計通則	118
通話システム	141
定期検査方式	152
データ伝送システム	141
適用技術基準	88
デジタルATC	137
デジタル無線	136, 137
鉄道国際規格センター	195, 197
鉄道に関する技術上の基準を定める省令	192, 200
デファクトスタンダード	128
デポジット	146
テロ対策	11
電圧制限装置	150
電圧変動	129
転換交付金	21
電気式ディーゼル機関車	76
電気設備技術基準	116
電気動力	77
電気ブレーキ	126
電機メーカー	27
電車線	131
電触	134
点制御	136
転落防止設備	109
電力SCADA	129
電力回生ブレーキ	130
電力管制システム	139
電力フローシミュレーション	130
電路保存費	87, 101
同期電動機駆動	125
動的許容限界	65, 70
盗難対策	11, 132
銅フィン	123
踏面形状	124
動力車操縦者	78
トークン	143
特約契約条件	162
特約事項	54
独立行政法人国際協力機構	29
時計システム	142
ドライバーレス	78
トランスポンダー	136
トランスロール	95, 218
ドレスデン協定	195
トロリー線	131
トンネル吸排気装置	131
トンネル断面	98

【ナ行】

内燃動力	76
二階建て車両	119
二次元バーコード	145
二次サスペンション	124
二段積輸送	20
日本国有鉄道規格	191
入札公示	32
入札仕様書	36, 49
入札図書	29, 31, 50, 162, 194
人間機械系デザイン	139
認証機関	193, 194, 202
認定機関	194
燃焼試験	83
粘着係数	76
粘着ブレーキ	220

【ハ行】

バージョン管理	169
ハーフハイトPSD	149, 150
排水処理プラント	157, 158
排水ポンプ	131
ハイブリッド気動車	23
ハイブリッド駆動システム	76
ハザード分析	151, 178
バタフライ式	147
バックアップ電源	127
バッテリー動車	23

索　　引

バラスト軌道	112
バラストマット	115
バラストレス軌道	113
バリューエンジニアリング	37
パンタグラフ	132
パンタグラフ折畳高さ	67, 68
バンダリズム	11
ハンドル訓練	78
非常電源	127
非常ブレーキ	126
非常用発電機	84
ピストンシリンダー式	127
非政府組織	193
非接触式カード	145
ビッグスリー	23, 27, 28, 194
ピット線	153
引張荷重	121
避難経路	83
避難用通路	109
評価基準	33
標準軌	210
ビル管理システム	151
品質管理（QA）グループ	45
フィージビリティ調査	10, 29
フィーダー線	131
フィーダーメッセンジャカテナリー	131
フェールセーフ	201
負き電線	135
不正乗車防止	74
普通鉄道	91, 96, 103
ブラックボックス	189
プラットホーム	109
プラットホームスクリーンドア	69
フランジ付車輪	209
フリーアクセス	165
フリーラン精度	142
プリンス軌道	114
フルハイト PSD	149, 150
ブレーキシステム	126
フローティング・ラダー軌道	114
プログラム	171
プロジェクトオーナー	31, 60
プロジェクト監理	205
プロジェクト実施主体	33
プロジェクト文書管理ソフト	171
プロジェクトマネジメント規格	206
プロジェクトマネジャー	33
プロパルジョン（推進）システム	125
分岐器（ポイント）	63
文書管理ソフトウェア	47
文書管理ツール	171
分担指針	169
米国規格	196
米国鉄道技術保線協会	117
閉そく区間	135
平米当たり旅客数	92
平面線形	62
補遺	32, 34
貿易の技術障害に関する協定	194
防火扉	85
防災計画	82
防災方針	81
防振ゴム	124
防振スラブ	113
防水天井	165
ボギー車	118
保護等級	151
保守支援契約	39
保守用車	65, 158
補助電源装置	123, 127
ボックス桁	116
ボルスター	123
ボルスター付台車	124
ボルスターレス台車	123
ホワイトブック	162
本邦技術活用条件	198

【マ行】

マニュアル	187
民鉄	191
無人運転	79
無線システム	142

無停電電源装置	84	力率	130
迷走電流	115	リニア地下鉄	92, 98, 107, 210
メトロ	2	リニアモーター	220
モノレール	93, 99, 104	リニアモーター駆動	91
		リニモ	25, 94, 100
		リンゲンバッハ式	221

【ヤ行】

屋根上点検足場	153	臨時検査設備	156
ユーイング式	217	輪重測定装置	154
有償資金協力	29	冷却フィン	123
誘導電動機駆動	125	冷房装置	123
輸送需要	61	レーダ軌道	113
輸送人キロ建設単価	96	レール	117
輸送密度	21	レシプロ式	127
ゆとりーとライン	95	列車位置検知	135
要求基準	36	列車運行会社	22, 118, 193
要求仕様	32	列車運行管理センター	82, 139
ヨーロッパ開発銀行	200	列車運行モニターシステム	139
ヨーロッパ規格	17, 193	列車制御	136
ヨーロッパ規格委員会	193	列車編成	118
ヨーロッパ鉄道およびインフラ事業者連合体	194	レッドブック	162
		レビュー	169
ヨーロッパ鉄道工業会	195	連接車	118
ヨーロッパ鉄道庁	194	漏えい電流	115, 134
予防保全方式	152	漏えい電流監視システム	135
四線軌道	212	漏えい電流監視装置	115
		漏えい電流吸収マット	115

【ラ行】

ラダー軌道	108, 114	ロシア軌間	211
ラックレール	220	路線選定	61
力学的包絡線	65	ロヒャー式	221
		路面電車	8, 106

著者略歴

佐藤　芳彦（さとう　よしひこ）

1945（昭和20）年生まれ、1971（昭和46）年東京工業大学大学院修士課程修了、同年日本国有鉄道入社後、車両設計および保守計画に従事、そのうち1990-1995年JRパリ事務所勤務、2005年海外鉄道技術協力協会常務理事、2008年サトーレイルウェイリサーチ代表取締役、インド、ベトナムおよびインドネシアの鉄道建設プロジェクトに従事、主な著作として「新幹線テクノロジー」、「通勤電車テクノロジー」（以上、山海堂）、「世界の高速鉄道」（グランプリ出版）、「図解TGVvs. 新幹線」（講談社）、「世界の通勤電車ガイド」、「空港と鉄道」、「海外鉄道プロジェクト」（以上、成山堂書店）

鉄道システムインテグレーター
海外鉄道プロジェクトのための技術と人材

定価はカバーに表示してあります。

2019年7月8日　初版発行

著　者　　佐藤　芳彦
発行者　　小川　典子
印　刷　　三和印刷株式会社
製　本　　株式会社難波製本

発行所　㈱成山堂書店

〒160-0012　東京都新宿区南元町4番51　成山堂ビル
TEL：03(3357)5861　　FAX：03(3357)5867
URL：http://www.seizando.co.jp

落丁・乱丁本はお取り換えいたしますので、小社営業チーム宛にお送りください。

©2019　Yoshihiko Sato
Printed in Japan

ISBN 978-4-425-96291-4

成山堂書店の鉄道関係書籍

交通ブックス 126
海外鉄道プロジェクト　―技術輸出の現状と課題―

佐藤芳彦　著
四六判　286 頁
定価 本体 1,800 円（税別）

日本企業の海外鉄道プロジェクトへの参加が加速しています。とくにアジア圏では、都市交通整備の柱として鉄道需要が高まっており、地下鉄や高速鉄道の建設が数多く計画されています。一方、日本企業がこれら計画に携わるためには、日本国内とは大きく異なるプロジェクトの実行体制や商慣行、また技術上の課題を乗り越えなければなりません。本書では、海外における鉄道計画プロジェクトの特徴とその一連の流れについて順を追って解説しています。

実践　鉄道 RAMS
―鉄道ビジネスの新しいシステム評価法―

溝口正仁・佐藤芳彦　監修
日本鉄道車輌工業会ＲＡＭＳ懇話会　編
A5 判　190 頁
定価 本体 1,900 円（税別）

信頼性・安全性評価の国際規格である RAMS の鉄道への適用について、考え方や今後の対応を概説。
RAMS の取り扱われ方、RAMS の概念、適用の現状、ビジネス上の問題等を重点に解説しているので、RAMS についての知識を深めるのに最適の一冊です。